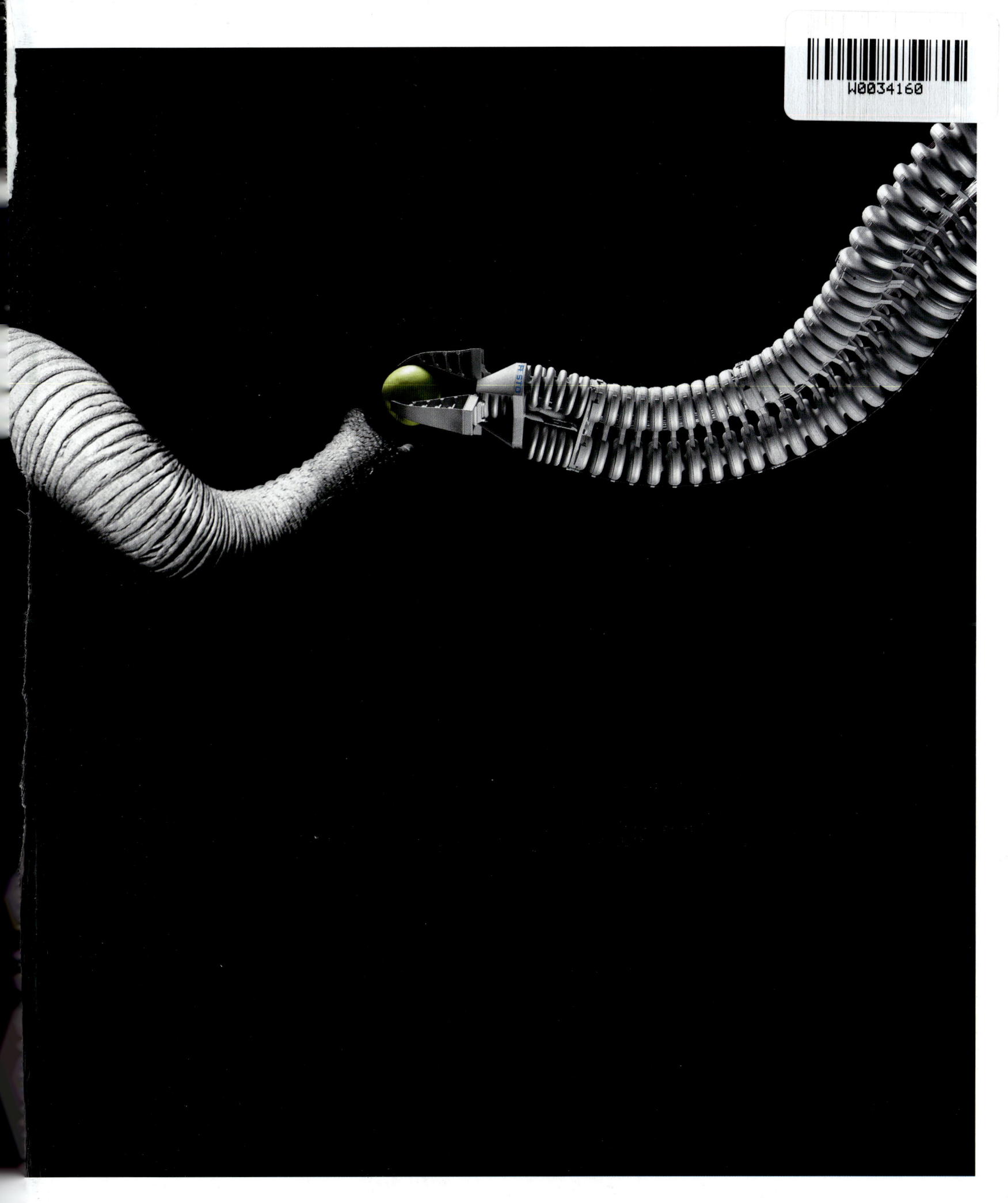

BIONIK

© 2016 Fackelträger Verlag GmbH, Köln

2. Auflage 2016

Emil-Hoffmann-Straße 1, D-50996 Köln

Autoren: Paul Benett, Steven Tanaka

Redaktion und Bildredaktion: Michael Büsgen

Satz und Gestaltung: e.s.n Agentur für Produktion und Werbung GmbH

Umschlaggestaltung: www.donebypeople.de

Gesamtherstellung: Fackelträger Verlag GmbH, Köln

ISBN 978-3-7716--4654-7

Printed in Poland

www.fackeltraeger-verlag.de

PAUL BENETT & STEVEN TANAKA

HIGHTECH AUS DER NATUR

„EINEN LEHRER GIBT ES,
WENN WIR IHN VERSTEHEN;
ES IST DIE NATUR."

Heinrich von Kleist

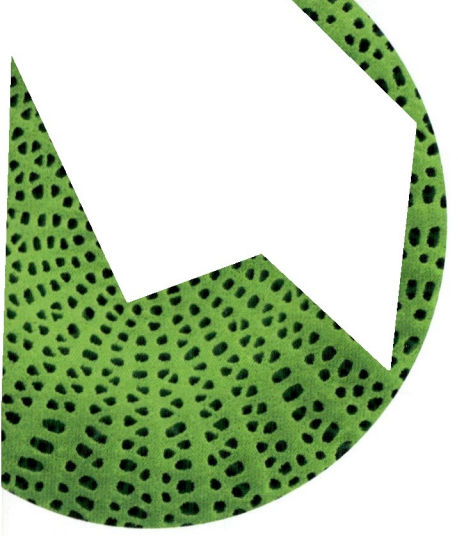

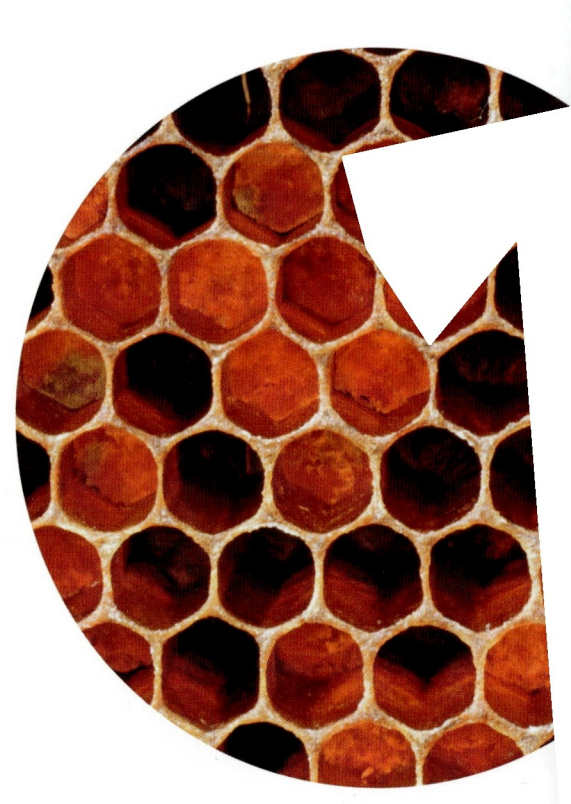

Fruchtstand eines Wiesenbocksbarts, der wie Löwenzahn („Pusteblume") zur Familie der Korbblütler gehört. Mit ihrem fallschirm-ähnlichen Aufbau verbreiten sich die Samen der Pflanzen über den Wind und lieferten als solche wichtige Anregungen für die techni-sche Entwicklung von Gleitseglern und Fall-schirmen.

BIONIK

WERKSPIONAGE IM REICH DER NATUR

Steht die technische Lebenswelt im Gegensatz zur natürlichen Lebenswelt? – Lange Zeit gab es in der Behandlung dieser Frage kaum Diskussionsbedarf. Technik und Biologie als wissenschaftliche Disziplinen dieser scheinbar unvereinbaren Welten galten als Antipoden; ihre Gegensätze wurden eher betont, als dass mögliche Schnittstellen in Betracht gezogen worden wären. Diese Haltung beruht auf einer langen Tradition: Was vor vielen hunderttausend Jahren mit der Nutzung von Werkzeugen und der kontrollierten Entfachung von Feuer begann, führte im Laufe der Menschheitsgeschichte zur Entwicklung immer neuer Kunstfertigkeiten und zur Verfeinerung handwerklichen Könnens, die den Grundstein unseres heutigen Verständnisses von Technik bilden. Jedes neue Gerät und Werkzeug, jede moderne Fertigungs- und Produktionsmaschine kam dabei einem Emanzipationsprozess von der Natur gleich – eine Entwicklung, die mit der Industriellen Revolution einen enormen Schub erfuhr.

Wenn Fortschritt in erster Linie definiert wird als Möglichkeit, Materialien, Strukturen oder Bauformen zu entwickeln, die der Natur nicht immanent sind und als solche den Menschen dazu befähigen, sich aus der Abhängigkeit natürlicher Gegebenheiten zu lösen, wird Technik der Natur übergeordnet und es bleibt wenig Raum für den Gedanken, dass die natürliche Lebenswelt womöglich für viele technische Fragestellungen und Probleme längst beste Lösungen bereithält. 3,8 Milliarden Jahre Evolution bedeuten Milliarden Jahre der experimentellen Forschung, des Auswertens und Verbesserns durch Selektion und Mutation. Wenn wir also nach optimierten Lösungen für gegenwärtige und zukünftige technische Konstruktionen suchen, ist es geradezu naheliegend, die Natur nach möglichen Vorbildern zu durchforsten, denn hier finden sich Materialien, Strukturen oder Baupläne, die der Technik der Zukunft eine unschätzbare Inspirationsquelle sein können. „Das Morgen ist schon im Heute vorhanden." Nicht zuletzt unter dem Druck niederschmetternder Material-, Energie- und Emissionsbilanzen unseres modernen technisierten Zeitalters zieht der Gedanke einer naturinspirierten Technikforschung immer größere Kreise und hat damit einem interdisziplinären Wissenschaftszweig den Weg geebnet, der mittlerweile viel Aufmerksamkeit genießt und mit steigenden Fördergeldern bedacht wird: die Bionik.

Die Hartnäckigkeit von Kletten (links) ist sprichwörtlich geworden. Kaum hat man eine Klettenpflanze gestreift, bleiben ihre Früchte fest an der Kleidung haften. Diese Beobachtung hat den Schweizer Ingenieur Georges de Mestral (1907–1990) zu einer Erfindung inspiriert, die heute als das bekannteste bionische Produkt gilt. Im Jahr 1955 ließ Georges de Mestral sein Verschlusssystem patentieren und gründete vier Jahre später die Firma VELCRO®, die bis heute Klettverschlüsse (rechts) produziert. ▼

Wenn das deutsche Wort Bionik bereits wie eine Zusammensetzung der Begriffe Biologie und Technik erscheint, so wird in diesem
neuen Wissenschaftszweig tatsächlich der Brückenschlag zwischen
zwei Disziplinen geleistet, die lange Zeit als Antipoden gehandelt
wurden. Indem man die Natur dahingehend erforscht, ob sie mögliche Lösungen für technische Probleme liefert, gewinnen Bereiche
wie Ingenieurwesen, Werkstoff- und Medizintechnik oder Mikro-
technologie eine ganz neue Dynamik. Beispiele für diese sogenannten Top-down-Prozesse sind die Entwicklung von Fallschirmen und
Gleitseglern auf der Grundlage von Pflanzen wie Wiesenbocksbart
und Löwenzahn oder die Konstruktion von Winglets und Rückstromklappen bei Flugzeugen nach dem Vorbild von Vögeln. „Bottom-up-
Prozesse" wiederum liegen dort vor, wo Naturwissenschaftler auf
faszinierende Aspekte bei Pflanzen oder Tieren stoßen und in Zusammenarbeit mit Physikern und Ingenieuren nach einer Möglich-

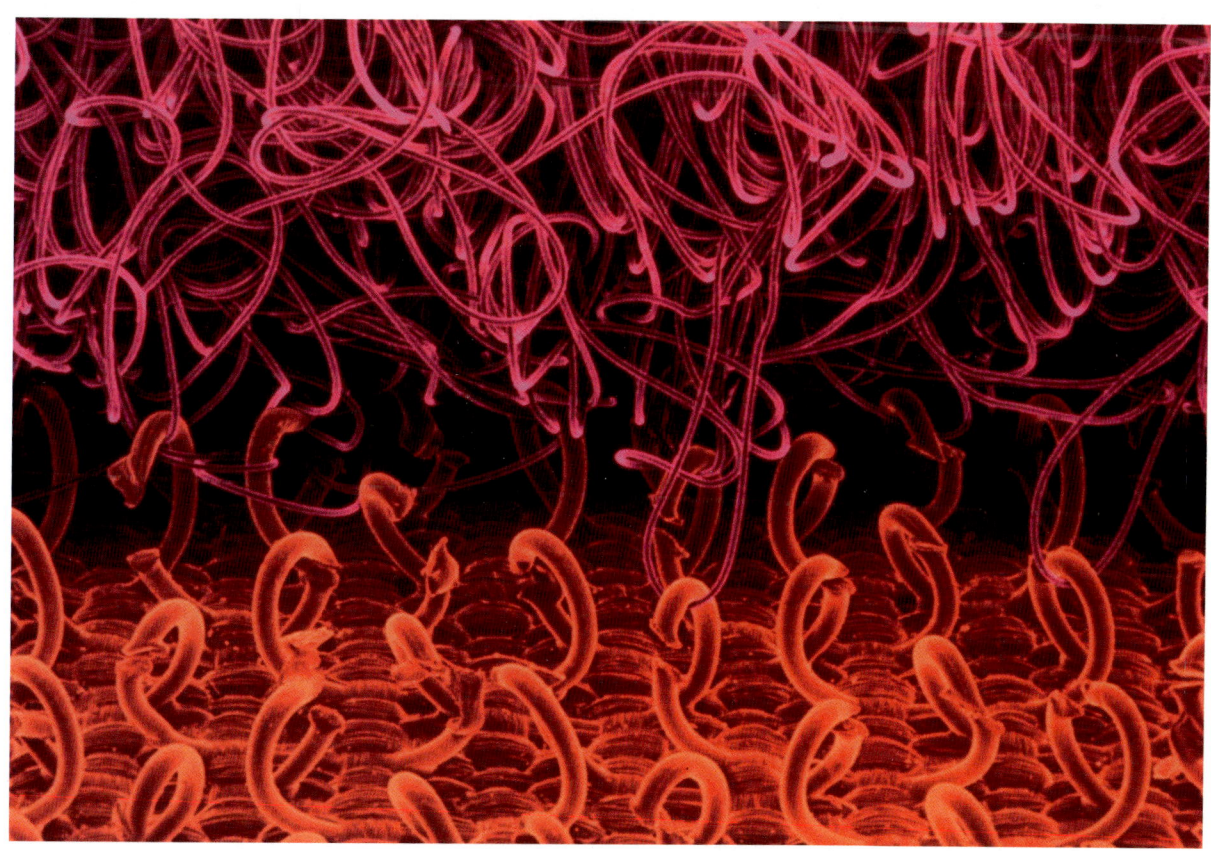

keit suchen, diese Inspirationsquelle in technische Entwicklungen
einfließen zu lassen. Bekannteste Beispiele hierfür sind der Klett-
verschluss und der Lotuseffekt. Unabhängig von den Methoden und
Herangehensweisen, die zur Entstehung bionischer Produkte führen, ist ein bestimmter Aspekt von Bedeutung: Nie kann es um die
bloße Kopie oder Nachahmung natürlicher Wirkungsmechanismen,
Methoden oder Strukturen gehen – ein Vorgehen, das zum Scheitern verurteilt ist. Vielmehr müssen die Erkenntnisse, die man dank
der natürlichen Vorbilder gewonnen hat, abstrahiert und modifiziert
werden. Erst dann und nur so ist die technische Umsetzung erfolgversprechend.

Angesichts der Popularität der jungen Wissenschaft Bionik liegt die
Gefahr einer Aufweichung des Begriffs nahe, die dazu führt, dass

An Land bewegt sich der Pinguin eher tollpatschig fort, unter Wasser dagegen erreicht er dank seines stromlinienförmigen Körpers enorm hohe Geschwindigkeiten bei nur geringem Energieeinsatz. Aus der Beobachtung schwimmender Pinguine versuchen Forscher Anregungen für neue Schiffs- und Flugzeugformen zu gewinnen.

auch solche Produkte als bionische Lösungen gefeiert werden, die lediglich eine Analogie zu natürlichen Vorbildern aufweisen, indem sie zum Beispiel Formen kopieren, jedoch die eigentlichen Struktur- und Gestaltungsprinzipien der Natur nicht beherzigen. Zwei der wichtigsten Naturgrundsätze sind:

• Die Natur verschwendet nichts. Kein Tier wendet mehr Energie oder Kraft auf, als für die jeweilige Aktion vonnöten ist, und keine Pflanze lagert mehr Material an, als es die Stabilität erfordert. So wenig wie möglich, so viel wie nötig, lautet diese ressourcen- und energieschonende Prämisse in aller Kürze.

• Die Natur erweist sich als ein System geschlossener Kreisläufe, in denen nichts verloren geht. Das uneingeschränkte Prinzip der Wiederverwertung und die Wiedereingliederung in Kreisläufe verschafft der Natur eine Umwelt-, Emissions- und Abfallbilanz, von der der Mensch nur träumen kann.

Bionik im besten Sinne sollte deshalb auch als eine Wissenschaft verstanden werden, die sich nicht nur der Natur als Ideenfundus bedient, damit der Technisierungsprozess um jeden Preis vorangetrieben werden kann. In den Prozessen der Abstraktion und Umsetzung sollte bionische Forschung zugleich immer darauf bedacht sein, Gesichtspunkte wie Nachhaltigkeit oder Ressourcenschonung in angemessener Weise zu berücksichtigen, denn sie sind die wesentlichen Prinzipien, nach denen die Natur baut, strukturiert und optimiert.

Produktentwicklung nicht nur mit, sondern für die Natur – wenn diese Idee ausreichend Berücksichtigung findet, ist die Bionik in der Lage, eine bedeutende Trendwende im Bereich der Technik einzuläuten, von der alle profitieren.

NEUE MATERIALIEN UND OBERFLÄCHEN

„DIE NATUR BEWIRKT DEN FORTSCHRITT NICHT DADURCH, DASS SIE ALLES AUF EIN NIVEAU ZURÜCKFÜHRT, SONDERN DADURCH, DASS SIE DAS BESTE STÄRKT UND ERHÄLT."

John Tyndall

Vorangehende Doppelseite: das wasserabweisende Gefieder eines Singvogels.

Rohstoffe werden knapp. In unserem täglichen Umfeld bemerken wir das nicht, doch zwischen den Nationen der Welt, zwischen einzelnen Industriezweigen hat längst ein Wettlauf um Erdöl, edle und nichtedle Metalle, ja selbst um Holz begonnen, eben um all jene Rohstoffe, die insbesondere die Industrienationen mit Energie, Mobiltelefonen, Autos und all dem anderen versorgen, was die moderne Zivilisation so ausmacht.

Um den Bedarf an Rohstoffen zu decken, werden bei deren Gewinnung immer höhere Risiken in Kauf genommen – mit verheerenden Folgen für Ökosysteme, Landstriche, Gewässer, für Mensch und Tier.

Gleichwohl wird die Erschließung bislang nicht angerührter Rohstofflager, wie beispielsweise in der Arktis, auf Dauer kaum der Verknappung der Ressourcen entgegenwirken. Denn die Weltbevölkerung wächst: Im Jahr 2050 sollen mehr als neun Milliarden Menschen die Erde bevölkern. Neun Milliarden Menschen, die nicht nur die existenziellen Bedürfnisse des Lebens stillen, sondern die wie die Bewohner der heutigen Industrienationen konsumieren wollen, die die Technologien der Zukunft nutzen, Fahrzeuge und Kommunikationsmittel entwickeln und gebrauchen, Energie verbrauchen und Müll produzieren werden.

Die Formenvielfalt der Natur ist schier unbegrenzt. Was hier auf den ersten Blick wie ein gewaltiger Kuppelbau erscheint, ist tatsächlich das stark vergrößerte Auge einer Schwebfliege. Zeit scheint der Natur bei der Entwicklung von Formen in unendlichem Maße zur Verfügung zu stehen. ▼

Vor diesem Hintergrund haben sich die Anforderungen an Materialien und Oberflächen unserer Produkte maßgeblich verändert: Ressourceneffizienz gilt als eines der obersten Gebote bei Entwicklung, Produktion und Konsum von Produkten; Effizienz im Hinblick auf Menge und Art der verwendeten Rohstoffe, auf Menge und Art der verwendeten Materialien, auf die Energie, die zur Produktion wie zum Gebrauch von Produkten nötig ist, auf die Reste und Schadstoffe, die sie hinterlassen, sowie auf weitere Ressourcen, die etwa bei der Reinigung oder Wartung verwendet werden müssen. Dabei berücksichtigt die Ressourceneffizienz nicht den generellen Sinn, den ein Produkt oder der Konsum allgemein hat, sondern setzt lediglich den Material-/Energieaufwand mit dem Nutzen eines Produkts, seiner Verwendbarkeit in Relation. Bei gleichem Nutzen verbrauchen Einwegwasserflaschen aus PET beispielsweise wesentlich mehr Material als Glasflaschen; die Glasflasche ist mithin materialeffizienter. Noch deutlicher wird das Thema Materialeffizienz im Hinblick auf Kaffeefilter: Hier finden sich von Mehrwegfiltern aus Metall oder Porzellan für viele Tassen Kaffee über Einwegfilter aus Papier für mehrere Tassen und Einweg-Papierpads für eine Tasse Kaffee bis hin zu Einwegkapseln aus Aluminium alle möglichen Varianten. Die Mehrwegfilter sind dabei erheblich materialeffizienter als die Aluminium-Einwegkapseln. Darüber hinaus sind sie aber auch in Bezug auf die Herstellung energieeffizienter, obwohl bei ihrer Produktion vielleicht sogar mehr Energie verbraucht wird, denn ihr Lebenszyklus ist wesentlich länger.

Weniger deutlich ist dagegen die Ressourceneffizienz von Energiesparlampen gegenüber herkömmlichen Glühbirnen: Selbst wenn man eine Einsparung von Energie unterstellt – was wissenschaftlich längst nicht erwiesen ist –, ist der Einsatz an Material und insbesondere an Schadstoffen bei der Produktion von Energiesparlampen wesentlich höher als bei herkömmlichen Glühbirnen. Hier wiegt eine vermeintliche Energieeffizienz die Materialineffizienz nicht unbedingt auf.

Solche Erwägungen hinsichtlich Nachhaltigkeit und Wirtschaftlichkeit von Rohstoffen und Energie sind im Zuge der Neuentwicklung von Materialien und Oberflächen eines der obersten Anliegen von Wissenschaft und Wirtschaft. Eine unerschöpfliche Inspirationsquelle bietet ihnen die Natur, die Ressourceneffizienz längst in jeder Hinsicht verinnerlicht und perfektioniert hat. Die Natur geht immer sparsam mit ihren Ressourcen um, ob mit Energie, Rohstoffen oder den daraus entwickelten Materialien. Und sie ist zudem befähigt, alle Ressourcen bis ins Letzte auszuschöpfen, materiell oder energetisch wiederzuverwerten und nichts zu verschwenden – ebenfalls ein Modell, das die Wissenschaft auf menschliche Produkte und eine sinnvolle Kreislaufwirtschaft zu übertragen versucht. Nur in einem Punkt ist die Natur verschwenderischer als die menschliche Technik: Zeit scheint ihr zur Entwicklung von Neuerungen in schier unendlichem Maße zur Verfügung zu stehen.

Bei gleichem Nutzen verbrauchen Einwegwasserflaschen aus PET wesentlich mehr Material als Glasflaschen; und auch beim Recycling ist der Energieeinsatz hoch. ▼

ES GEHT NICHTS VERLOREN –
DIE WERTSTOFFKREISLÄUFE DER NATUR

Laufend produzieren die Lebewesen der Erde Abfälle, und zwar seit Millionen von Jahren. Ständig werden wahre Mengen an Biomasse erzeugt, die entweder absterben oder von den sogenannten Konsumenten vertilgt werden, von den Primärkonsumenten, den reinen Pflanzenfressern, die wiederum den Sekundärkonsumenten, nämlich den Fleischfressern, die sich auf Pflanzenfresser spezialisiert haben, zum Opfer fallen und die damit wieder Nahrung für die Tertiärkonsumenten – Fleischfresser, die sich von Fleischfressern ernähren – bilden. Auch die Konsumenten produzieren wieder Abfälle und werden mit ihrem Absterben selbst zu biologischen Resten.

Dass die belebte Natur dennoch nicht im Müll versinkt, liegt daran, dass jeder Müll wiederum Nahrung für ein anderes Lebewesen ist. Die Destruenten, auch Zersetzer genannt, führen einem jeden Ökosystem das, was Produzenten und Konsumenten ihm an Nährstoffen entzogen haben, wieder zu, indem sie totes organisches Material zersetzen und in anorganische Nährsalze zurückverwandeln. Diese Remineralisierung wird in erster Linie von Pilzen und Bakterien übernommen. Möglich wird das überhaupt erst dadurch, weil die Natur ein Minimum an Rohstoffen verwendet und diese lediglich durch Variation verschiedene Eigenschaften besitzen. Egal aber, wie die Rohstoffe verbaut werden: Die Materialien sind mühelos in Atome beziehungsweise Moleküle zersetzbar. Auf diese Weise stehen den Produzenten erneut Nährstoffe zur Verfügung und der Kreislauf aus Produktion, Konsum und Zersetzung beginnt von Neuem. Mit anderen Worten: Es gibt in der belebten Natur keinen Müll, nichts wird verschwendet und nichts geht verloren – abgesehen von den Abfällen des Menschen. Denn für die Produkte, die der Mensch durch seine Entfernung von den natürlichen Prozessen und der Hinwendung zur Technik erzeugt, gibt es in den wenigsten Fällen natürliche Destruenten, die in der Lage wären, die technischen Erzeugnisse zu zersetzen. Der Mensch muss entsprechend in immer größerem Maße die Rolle von Produzent, Konsument und Destruent gleichermaßen übernehmen, möchte er nicht im Müll ersticken.

Sich auch im Bereich der Wertstoffkreisläufe die Natur zum Vorbild nehmend, sucht die Wissenschaft daher fieberhaft nach Möglichkeiten, die gesamten Abfälle des Menschen wieder dem Stoffkreislauf zuzuführen, und zwar ohne Energieverluste. Das aber erfordert ein Umdenken in jeder Hinsicht: Die eingesetzten Materialien und Produkte müssen so konzipiert sein, dass sie überhaupt wieder verwertbar oder abbaubar sind, dass sie, nachdem sie ihre ursprüngliche Funktion verloren haben, wieder in technische oder biologische Kreisläufe eingebunden werden können – und zwar bei einer ausgeglichenen Energie- und Schadstoffbilanz, also indem zumindest die Energie, die für Abbau oder Wiederverwertung eingesetzt wird, auch wieder gewonnen wird und indem keine Schadstoffe anfallen. „Cradle to Cradle", von der Wiege zur Wiege, nennt sich eine der Bewegungen, die sich bemüht, Produkte und Produktverpackungen herzustellen beziehungsweise zu konsumieren, die nach ihrem Gebrauch direkt einem neuen Lebenszyklus zugeführt werden können, möglichst ohne dabei Schadstoffe zu produzieren und übermäßig Energie

zu verbrauchen. Dieses Prinzip soll bei Verbrauchsgütern wie biologisch komplett abbaubaren Shampoos oder Lebensmittelverpackungen, die wiederverwertet beziehungsweise zu anderen Produkten umgewandelt werden können, ebenso greifen wie bei Gebrauchsgütern wie Autos, Computern oder Fensterscheiben. Die werden nach Ablauf ihrer Lebensdauer vom Hersteller zurückgenommen, durch neue Produkte ersetzt, und die Rohstoffe dienen als Grundlage für neue Entwicklungen.

Dabei berücksichtigt das Cradle-to-Cradle-System einerseits, dass die Methode nicht nur moralisch relevant, sondern auch wirtschaftlich ist. Andererseits muss die Wiederverwertung dergestalt sein, dass aus dem wiederverwertbaren Material nicht automatisch – wie beim bislang hauptsächlich praktizierten Recycling – nur minderwertigere Produkte als bei der Erstverwertung hergestellt werden können. Im Gegenteil: Wie in der Natur sollen die gewonnenen Rohstoffe und Materialien eine gleichwertige, wenn nicht sogar höhere Güte aufweisen.

Das mag vielen nun als schöne Utopie erscheinen, ist aber längst möglich und vereinzelt auch Realität: Das US-amerikanische Unternehmen „Envision Plastics" beispielsweise schafft es bereits, Kunststoffe so zu reinigen, dass ausgedienter giftiger Computerschrott zu lebensmittelechten Joghurt- und Milchverpackungen verarbeitet werden kann. Das Unternehmen ist dabei allerdings nicht energie- und emissionsneutral. Auch Verbundmaterialien wie Getränkekartons unterliegen bereits häufig der vollständigen Wiederverwertung, indem sie zunächst in ihre Bestandteile Kartonfasern, Aluminium und Kunststoff zerteilt werden, um im Anschluss einzeln neuen Nutzungen zuzufließen.

Ein weiterer Ansatz im Hinblick auf eine natürliche Kreislaufwirtschaft ist, Materialien zu erfinden, die von den natürlichen Destruenten genutzt und in anorganische Nährstoffe für Pflanzen umgewandelt werden können. Auf diese Weise wären Materialien ebenfalls kein Müll mehr, sondern sogar Nahrung und Dünger in natürlichen Ökosystemen.

▶ Leicht und trotzdem hart: Kieselalgen sind so winzig, dass man sie mit
bloßem Auge nicht erkennen kann.
Doch es lohnt sich, sie unter dem
Mikroskop anzuschauen. Im Lauf
der Jahrmillionen, die sie bereits
die Erde bevölkern, haben Kieselalgen ihre Silikatschalen so weit optimiert, dass sie trotz des geringen
Materialeinsatzes außerordentlich
stabil sind.

TECHNISCHE VS. NATÜRLICHE WERKSTOFFE

Seit Jahrtausenden nutzt der Mensch organische und anorganische Rohstoffe und Materialien wie Pflanzenfasern und Holz, Metalle und Gesteine beziehungsweise Minerale, um daraus Kleidung, Werkzeuge, Gebrauchs- und Kunstgegenstände herzustellen.

Mit der zunehmenden Industrialisierung und Technisierung erhöhten und erhöhen sich auch die Anforderungen an diese Materialien. Eigenschaften wie höchste Festigkeit, Steifigkeit, Zähigkeit, Beständigkeit auch unter schwankenden und extremen Temperaturen, Flexibilität, Elastizität, Formbarkeit, chemische Beständigkeit, Widerstandsfähigkeit gegen Korrosion und Verschmutzungen sollen sie je nach Verwendung aufweisen, Eigenschaften, die manchmal sogar im Widerspruch zueinander stehen.

Wenn Metalle wie Eisen, Kupfer und Aluminium und ihre Legierungen, Minerale, Pflanzenfasern oder auch Erdöl als die bedeutendsten Grundstoffe unserer Werkstoffe solchen Anforderungen gerecht werden sollen, müssen sie unter extremen Bedingungen aufbereitet und verarbeitet werden. Hohe Temperaturen und Drücke, chemische Stoffe, eine Vielzahl an „Zutaten" und Verfahren werden nötig, um unsere hochtechnischen Werkstoffe herzustellen. Diese erhalten im Anschluss eine vom Menschen entwickelte Form und werden einer bestimmten Funktion zugeführt. In ihrem Aufbau sind sie zumeist streng monolithisch, in sich homogen, sodass sich hierarchische, also aufeinander aufbauende Strukturen in den seltensten Fällen finden.

SELBSTORGANISATION UND SELBSTREPARATUR

▲ Heringe sind typische Schwarmtiere. Die Schwarmbildung bietet Vorteile beispielsweise bei der Nahrungssuche, aber auch beim Schutz vor möglichen Feinden.

Zu den Fähigkeiten, die allem Lebendigen innewohnen, zählt die der Selbstorganisation. Die Leistungsfähigkeit biologischer Systeme liegt darin begründet, dass in ihnen viele Einzelsysteme zusammenwirken und sich zu einem Ganzen verbinden. Das erfordert nicht nur eine effiziente Kommunikation zwischen den Einzelsystemen; Energie- und Materialeinsatz werden auch durch die Selbstorganisation optimiert. Beispiele hierfür sind etwa die kooperierenden Zellen eines Organismus oder die zusammenarbeitenden Neuronen im Gehirn, aber auch die Schwarmbildung in einem Bienenstock oder von Vögeln. Doch bereits auf molekularer Ebene schließen sich Werkstoffe der Natur in Selbstorganisation zusammen, eine Befähigung, die sie allen technischen Werkstoffen weit überlegen macht.

Auch die Selbstreparatur ist biologischen Systemen und biologischen Materialien in gewissem Maße inhärent. Kleine Verletzungen der Haut beispielsweise schließen sich von selbst, Risse in spröden Materialien werden aufgehalten und anschließend geflickt.

Es sind Prinzipien, die Materialwissenschaftler für sich zu nutzen suchen, wäre durch Selbstorganisation doch allein das Thema der Ressourceneffizienz zu einem Teil gelöst. Erste Erfolge lassen sich auch bereits im Bereich der biogenen Keramik verbuchen (siehe S. 48) und auch im Bereich der Selbstreparatur gibt es erste Modelle beispielsweise eines sich selbst reparierenden Autolacks.

In Zusammenhang mit Selbstorganisation, Selbstreparatur/Selbstheilung und auch Selbstkommunikation stehen auch die sogenannten Smart Materials, intelligente, interaktive Materialien, die wie biologische Materialien auf die Umwelt beziehungsweise die Umgebungsbedingungen reagieren. Seit Jahrzehnten erprobt sind etwa lichtempfindliche Sonnenbrillen, die sich den Lichtverhältnissen der Umgebung anpassen.

In einer anderen Disziplin der Bionik, der Robotik, sieht man der Fähigkeit zu Selbstorganisation und Selbstreparatur dagegen mit gemischten Gefühlen entgegen: Kritiker fürchten, der Mensch könnte die Kontrolle über seine technischen Geschöpfe verlieren (siehe S. 252).

Die Werkstoffe der Natur unterscheiden sich in beinahe jeder Hinsicht von all dem, obwohl sie – je nach dem Zweck, den sie haben – mit Leichtigkeit all jene Anforderungen erfüllen, die sich der Mensch von seinen Werkstoffen wünscht. Bereits in ihren Rohstoffen unterscheiden sie sich merklich von denen der Technik: Wesentlicher Bestandteil der belebten Natur sind Proteine, Eiweiße also, Kohlenhydrate, also Zuckermoleküle, in recht geringen Dosen verschiedene Metalle und Minerale und zu allem Überfluss Wasser, ein Mittel, das die Technik als Bestandteil ihrer Materialien meist scheut wie der Teufel das Weihwasser. Die Materialien der belebten Natur entstehen nicht unter extremen Temperaturen oder Drücken und auch nicht in sterilen Labors, sie bilden sich bei Umgebungstemperatur und bei Umgebungsbedingungen. Und sie bilden sich selbst, in Selbstmontage, indem sich Atome zu Molekülen, Moleküle zu Aggregaten oder Assoziaten und diese sich – unter Einsatz des kleinstmöglichen Energie- und Materialaufwandes – zu immer größeren Funktionseinheiten zusammensetzen, die schließlich Lebewesen bilden. Alle „Produkte" der Natur sind damit hierarchisch aufgebaute Strukturen, die sich letztendlich auch wieder in ihre einzelnen Bestandteile zersetzen.

Vergleicht man technische und natürliche Materialien miteinander, fallen darüber hinaus selbst dem Laien zwei Unterschiede direkt ins Auge: In der Natur kann ein und dasselbe Material sehr viele und vor allem sehr unterschiedliche Funktionen einnehmen, was in der Technik nur bedingt möglich ist, und zum anderen sind die technischen Werkstoffe eher hart und spröde, während die natürlichen meist eine gewisse Weichheit aufweisen. Das hängt natürlich auch mit den Rohstoffen zusammen, die in der belebten Natur so ganz anders aussehen als in der Technik.

DIE ROHSTOFFE DER NATUR

EIWEISSE

Mehrere hundert Aminosäuren werden in der Natur vermutet, wurden gleichzeitig in Kometen und Asteroiden nachgewiesen, doch was die belebte Natur angeht, sind es nur 20 dieser organischen Verbindungen, die für die Entstehung von Proteinen zuständig sind. Die proteinogenen Aminosäuren reihen sich in langen Ketten aneinander, bilden Verzweigungen, Seitenstrukturen, Windungen und Falten und somit Funktionseinheiten, nämlich Proteine. Diese Polymere wiederum sind so vielfältig wie komplex aufgebaut und haben in Organismen ebenso vielfältige und komplexe Funktionen, angefangen mit Strukturproteinen wie dem Kollagen von Haut, Knochen und Bindegewebe, dem Elastin in Blutgefäßen oder dem Keratin von Schuppen, Federn, Nägeln, Klauen und Schnäbeln bis hin zu stoffwechselregulierenden Funktionen. Das Bemerkenswerte: Die Funktion eines Proteins ist abhängig von

▼ *Natürliche Konstruktionen entwickeln sich nach dem Minimum-Maximum-Prinzip, erreichen also mit einem minimalen Material- und Energieeinsatz ein Maximum an Haltbarkeit, Stabilität und Leistung. Dies gilt gleichermaßen für alle Lebewesen.*

der Reihenfolge der Aminosäuren; und schon eine winzige Veränderung innerhalb der Aminosäurenabfolge kann eine gänzlich andere Funktion bedingen.

Für die Natur bedeutet allein das eine unglaubliche Vielzahl an „Werkstoffen", aus denen einerseits die Organismen selbst gebildet werden und die deren Körperfunktionen steuern, andererseits den Organismen auch wichtige eigene Werkstoffe bereitstellen. Spinnenseide ist wohl eines der bekanntesten Beispiele eines solchen Proteinwerkstoffs aus der Natur, viele natürliche „Klebstoffe" sind es gleichermaßen.

KOHLENHYDRATE

Nicht weniger bedeutend im Repertoire der natürlichen Werkstoffe sind die Kohlenhydrate, genauer die Polysaccharide, auch Mehrfach- oder Vielfachzucker genannt. Sie haben in erster Linie zwei Funktionen: Zum einen liefern sie dem Organismus wichtige Energie, zum anderen sind sie maßgeblich an den Strukturen von Lebewesen und dort vor allem an deren Strapazierfähigkeit beteiligt. Die beiden wichtigsten Polymere sind in diesem Zusammenhang Zellulose, der sich vernetzende und lange faserige Strukturen bildende Hauptbestandteil von pflanzlichen Zellwänden, und Chitin als Bestandteil beispielsweise der Kutikula vieler Insekten, von Krebstieren sowie der Zellwände der meisten Pilze. Zellulose ist die häufigste organische Verbindung auf der Erde, Chitin folgt direkt auf Platz zwei. Entgegen der allgemeinen Meinung ist aber weder Zellulose für die Festigkeit und Versteifung beispielsweise eines Baumes noch Chitin für die Härte eines Käferpanzers allein verantwortlich. Ersteres wird in erster Linie dadurch erreicht, dass die als lange, spiralförmig um wassertransportierende röhrchenförmige Fasern angeordneten Zellulosefasern durch das Polymer Lignin verklebt werden, was wiederum für die Verholzung einer Pflanze sorgt, Letzteres gelingt durch die Zusammenwirkung des Chitins

mit Sklerotin, einem Gerüstprotein. Während Sklerotin für die Festigkeit des Panzers verantwortlich zeichnet, bewirkt das Chitin, dass er gleichzeitig biegsam und weich bleibt. Man kann sich vorstellen, dass ein solches Material, elastisch und biegsam und doch eine hervorragende Festigkeit aufweisend, in der Technik heiß begehrt ist. Das gilt auch

▲ *Biegsam und weich, gleichzeitig aber auch äußerst robust und stabil ist der Panzer der Krabben.*

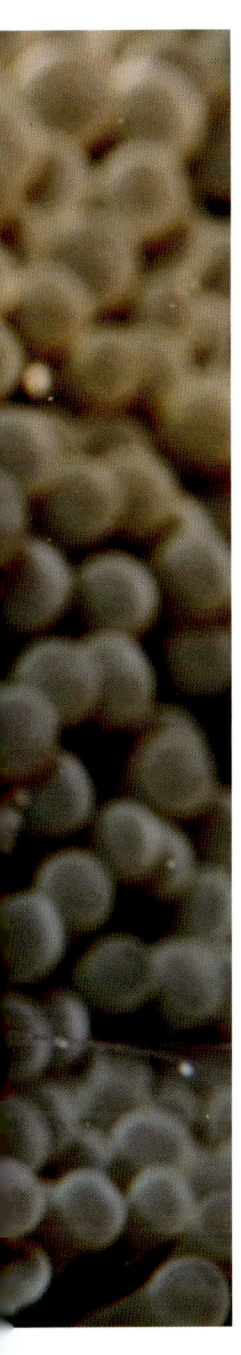

für Holz, das einerseits besonders widerstandsfähig gegen Risse ist, andererseits eine gute Biegefähigkeit besitzt, was auf die so klug angeordneten Biopolymere und ihre anscheinend widersprüchlichen, aber sich tatsächlich hervorragend ergänzenden Eigenschaften zurückzuführen ist.

MINERALE

Obwohl wesentlich häufiger vorkommend, sind es nicht ausschließlich organische Stoffe, die Organismen als Rohstoffe dienen. Auch anorganische Minerale, die sich im Zuge der Biomineralisation bilden, werden in recht unterschiedlicher Form von Organismen gebildet und genutzt. Bislang sind etwa 70 solcher Biominerale bekannt. Für den menschlichen Körper sind es insbesondere die Calciumphosphate, die sich beispielsweise in menschlichen Zähnen, Knochen und Sehnen wiederfinden, die von erheblicher Bedeutung sind. Betrachtet man dagegen die gesamte belebte Natur, so sind die Calciumkarbonate und das Siliziumdioxid in Form von Opal von großer Wichtigkeit. Erstere sind mengenmäßig die bedeutsamsten Biominerale. Interessant ist in diesem Zusammenhang, dass bei der Biomineralisation selten reine Minerale ausgebildet werden, sondern die spröden Minerale mit einigen Biopolymeren verbaut werden, wodurch sie weicher und beweglicher werden. Das ergibt einzigartige, für die Technik äußerst begehrenswerte Materialien.

WASSER

In der Natur ist Wasser eine allgegenwärtige Substanz und in gleichem Maße für eine Vielzahl von Prozessen notwendig. So undenkbar in den meisten Fällen eine Entstehung natürlicher Materialien ohne Wasser ist, so undenkbar erscheint es, dass es in der Produktion technischer Materialien einen höheren Stellenwert einnehmen könnte. Während Wasser in belebten Systemen Grundlage

VOM ROHSTOFF ZUM WERKSTOFF

Nimmt man die Lebewesen der Welt nicht als etwas Altbekanntes hin, sondern betrachtet ihr Aussehen, ihre Fähigkeiten genauer, dann wird mit einem Mal auch die lästige Stubenfliege zu einem spannenden Wesen. Denn sie hat Fähigkeiten, von denen der Mensch nur träumen kann. Wie schafft es die Stubenfliege beispielsweise, senkrechte Wände hinaufzulaufen und sogar an der Decke sitzen zu können? Welche Materialien und Strukturen bewerkstelligen, dass die Halme von Gräsern eine solche Reiß- und Biegefestigkeit aufweisen? Wie ist es möglich, dass Proteinfäden stärker sind als Stahl?

der meisten Entstehungsprozesse ist und den meisten natürlichen Werkstoffen keine Schwierigkeiten bereitet, stellt es für die Großzahl technischer Materialien eine echte Bedrohung dar, die ihre Lebensdauer deutlich verringert. Und so werden beispielsweise Schmiermittel, die in der Natur wasserbasiert sind, in der Technik auf Ölbasis hergestellt, um das Material zu schützen. Auch wasserabstoßende Technik basiert traditionell auf der wasserabstoßenden Wirkung von Ölen und Wachsen, während es in der Natur kein Widerspruch ist, dass etwas durchaus einen nicht unbedeutenden Wasseranteil besitzt und dennoch wasserabweisend ist.

Die einzelnen Rohstoffe der natürlichen Materialien sind Naturwissenschaftlern dabei durchaus bekannt, die natürlichen Materialien allerdings sind deutlich komplexer als ihre Einzelbestandteile, zumal die Natur zur Lösung eines Problems Stoffe modifiziert und auf altbewährte Grundlagen zurückgreift, sich diese Modifikationen aber nicht unbedingt auf den ersten Blick entschlüsseln lassen. Allmählich aber kommen Forscher aus aller Welt den Geheimnissen der Natur auf die Schliche und suchen nun, diese auch dem Menschen zugänglich zu machen. Ein besonderes Au-

Technische Werkstoffe nach dem Vorbild der Natur auf Wasserbasis zu entwickeln ist daher eines der interessanten Vorhaben der Wissenschaft, aber auch eines, dessen großer Durchbruch noch nicht allzu bald zu erwarten ist.

Nicht nur aus der Nähe betrachtet ist die Gemeine Stubenfliege ein faszinierendes Lebewesen. Auch ihre Fähigkeiten sind ganz außergewöhnlich und für die Wissenschaft höchst interessant.

Spinnenseide ist zehnmal dünner als ein menschliches Haar, 20-mal fester als Stahl und elastischer als Gummi – Spinnenfäden können sogar bis auf das 300-fache ihrer Ursprungslänge gedehnt werden. Kein anderes Material, egal ob künstlich hergestellt oder aus der Natur stammend, hat derartige Eigenschaften.

genmerk haben sie dabei auf ein Tier gelegt, das die meisten Menschen eher das Fürchten lehrt: die Spinne. Ihren verschiedenen Spezies stehen erstaunliche Werkstoffe zur Verfügung, die etwa bei der Jagd auf Beute hilfreich sind. Zu deren spektakulärsten und auch im Zentrum der Forschung stehenden Materialien gehört die Spinnenseide.

SPINNENSEIDE

Wer schon einmal in einen quer über den Weg fliegenden Spinnfaden gelaufen ist, kennt die Eigenschaften dieses einzigartigen Materials: So fein, dass er kaum sichtbar ist, weist ein einzelner Spinnfaden eine große Dehnfähigkeit auf und ist dabei außergewöhnlich reißfest. Ein einzelner Spinnseidenfaden ist etwa zehnmal dünner als ein menschliches Haar, aber wesentlich reißfester als Stahl. Dabei ist die Spinnenseide auch noch wasserfest.

Spinnenseide besteht aus faserigen Proteinen, die in flüssiger Form als Proteinbausteine in verschiedenen Drüsen der Spinne gebildet werden. Im Spinnkanal wird – je nach Einsatzzweck und damit anhängig von den gewünschten Eigenschaften der Seide – eine bestimmte Mischung der Proteinbausteine zu Fasern zusammengefügt, wobei diese noch nicht vollendet sind. Durch den Spinnkanal gelangt die teils feste, teils flüssige Mischung in die Spinnwarze, von wo aus die Spinne den Seidenfaden mit den Hinterbeinen herauszieht. Durch Verdunstung des restlichen Wassers verfestigt sich der Faden nun endgültig und kann von der Spinne im Anschluss verarbeitet werden. Entsprechend der unterschiedlichen Proteinmischungen kann ein und dieselbe Spinne unterschiedliche Seidenfäden herstellen. Beispielsweise ist das Grundgerüst des Spinnennetzes deutlich widerstandsfähiger als die Fangspirale im Zentrum des Netzes, die dem Beutefang dient und daher elastischer ist. Auch der Abseilfaden einer Spinne oder gar der lange Faden, mittels dessen sich manche Spinnenarten über mehrere Kilometer hinweg vom Wind verwehen lassen, um neue Lebensräume zu erobern, benötigen eine besondere Festig- und Beständigkeit.

▲ *Die Herstellung von künstlichen Spinnfäden hat gerade erst begonnen. Man geht davon aus, dass bald besonders reißfeste Fäden hergestellt werden können.*

Die feinen Härchen an den Fußklauen der Springspinne werden unter dem Elektronenmikroskop sichtbar (175-fache Vergrößerung). ▶

Unlängst ist es einem Forschungsteam am Lehrstuhl für Biomaterialien der Universität Bayreuth rund um Professor Dr. Thomas Scheibel nicht nur gelungen, die Proteine der Spinnenseide biotechnologisch nachzubauen, sie haben auch erstmals nach dem Vorbild von Spinnen ein Webinstrument entwickelt, mit dem sich technische Spinnenseidenfäden herstellen lassen, die dieselben mechanischen Eigenschaften aufweisen wie natürliche Spinnfäden. Das weckt allenthalben Hoffnung auf die Möglichkeit, das Material bald auch industriell herzustellen. Durch ihre hypoallergenen und sogar entzündungshemmenden Eigenschaften ist die Seide vor allem bei Medizinern und Pharmazeuten als verträgliches, biologisches Nahtmaterial und zur Herstellung von Wundverbänden gefragt, doch beispielsweise auch Gewebe und Vliese könnten aus der Seide gefertigt werden. Nicht zuletzt wünschen sich die Militärs und Polizisten weltweit so leichte wie kugelsichere Westen aus künstlicher Spinnenseide.

HAFTMECHANISMEN UND KLEBSTOFFE

Nicht alle Spinnen nutzen Spinnenseide zum Bau eines Netzes oder zum eigenen Transport. Die Springspinne beispielsweise webt daraus lediglich ihre Eikokons, ihre Fortbewegung erfolgt auf ihren acht Beinen, und wenn sie an glatten, senkrechten Wänden emporspringt, wird sie nicht von seidenen Fäden gehalten. Auch das weckte die Neugierde von Forschern, die im Anschluss in Untersuchungen erstaunliche Erkenntnisse zutage förderten. Stark durch ein Elektronenmikroskop vergrößert, zeigen die Fußklauen der Springspinne feinste Härchen, die anscheinend für einen festen Halt ohne Seil verantwortlich zeichnen. Doch um auch die Ursache für die feste Haftung auf glatter Fläche herauszufinden, mussten die Forscher zunächst zum Rasterkraftmikroskop greifen. Das nämlich kann auch im Nanobereich Oberflächen mechanisch abtasten und atomare Kräfte

Der Gecko (Gekkonidae) bevölkert seit ca. 50 Millionen Jahren die Erde. Im Laufe der Evolution hat er sich die unterschiedlichsten Lebensräume zu eigen gemacht: Wüsten, Tropen oder gemäßigte Zonen haben dabei eine große Artenvielfalt hervorgebracht, mit jeweils ganz spezifischen Anpassungen an die Umwelt, wie diese Zusammenstellung von ganz unterschiedlich ausgebildeten Geckofüßen veranschaulicht. Allen gemein aber ist, dass sie wahre Herkuleskräfte besitzen. Auf alle Füße umgerechnet könnte der Gecko theoretisch 140 Kilogramm halten.

messen. Das Rasterkraftmikroskop offenbarte als Grund für die Fähigkeiten der Springspinnen: Die feinen Haare auf den Fußklauen verzweigen sich zu Tausenden immer feineren Härchen, wodurch sie sich mit der entsprechenden Oberfläche beinahe verbinden können. Zwischen den ultrafeinen Härchen der Fußklauen und der Oberfläche wirken dann Van-der-Waals-Kräfte, die besagen, dass sich Atome oder Moleküle, wenn sie sich nur nah genug kommen, gegenseitig schwach anziehen. Die Van-der-Waals-Kräfte wirken nur auf Abständen von wenigen Nanometern, doch die nanofeinen Härchen der Spinnenbeine schmiegen sich dergestalt an jede Unebenheit der Oberfläche an, dass die schwachen Van-der-Waals-Kräfte tausendfach zwischen jedem Haar und der Oberfläche wirken können.

Es sind dieselben Kräfte, die auch beim Gecko für die Haftung seiner Füße, die ebenso feinst behaart sind, selbst an Zimmerdecken verantwortlich sind. Längst ist in den Forschungslabors ein Wettrennen ausgebrochen, den ersten Roboter mit Gecko-/Spinnenfüßen auszustatten, der im Anschluss daran etwa die Glasfassaden der Welt sauber halten darf. Einige Prototypen sehen auch bereits recht vielversprechend aus, auch wenn sie es noch nicht bis zur Serienreife gebracht haben.

Konkurrenz müssen die Spinnen-/Geckofußroboter aber fürchten, denn auch die Haftmechanismen anderer Tierfüße dienen als Inspirationsquellen für Wissenschaftler: die der Küchenschabe beispielsweise, die mittels Widerhaken mühelos senkrechte raue Flächen überwindet, die Füße von Fliegen, die ein klebendes Sekret aussondern, oder die Fußballen mittelamerikanischer Regenwaldfrösche, die aus sechseckigen, stabilen Wabenstrukturen (siehe auch S. 88) aufgebaut

Auch unter den mittelameri-
kanischen Regenwaldfröschen
finden sich wahre Klettermeister.

Klebstoff ist keine Erfindung des Menschen, im Gegenteil. Die Natur beherbergt einige Tiere, die im Verkleben regelrechte Weltmeister sind. Seepocken liegen hier weit vorn, denn sie vermögen selbst stabilste Klebeverbindungen unter Wasser herzustellen und aufrechtzuerhalten.

sind, zwischen denen wiederum jeweils feine Rillen verlaufen, sodass die flüssigen, die Füße benetzenden Haftsekrete zwischen den Waben abfließen können. Hersteller von Autoreifen haben dieses Prinzip bereits aufgegriffen und versuchen sich an neuen Profilen für Reifen, die mit einer von Rillen begrenzten Wabenstruktur ausgestattet sind, um einen noch besseren Grip auch bei extremer Nässe zu bieten.

Es gibt eine Vielzahl weiterer Systeme bei Landtieren, die ihnen das Anhaften an Oberflächen ermöglichen: von rein physikalischen Haftsystemen bis hin zu Klebstoffen, wie beispielsweise dem Schneckenschleim. Schnecken sondern in der Regel einen dünnflüssigen, stark wasserhaltigen Schleim ab, durch den sie problemlos auch an glatten Wänden hochkriechen können. Darüber hinaus vermengen die Schnecken den Schleim mit einer Substanz, die seine Oberflächenspannung reduziert, sodass er sich schnell auf der Oberfläche verteilt. Das erhöht die Haftfähigkeit erheblich, zumal die Schnecke dadurch auch auf nassem Untergrund Halt findet. Wird plötzlich ein festerer Halt notwendig, sorgen weitere Proteine dafür, dass sich der flüssige Schleim verfestigt, bis er die gewünschte Konsistenz annimmt. In Sekundenschnelle kann aus dem dünnflüssigen Schleim ein festes Gel ebenso entstehen wie ein harter, aber elastischer Kleber.

Kaum ein Haft- oder Klebesystem von Landtieren aber ist so spektakulär wie diejenigen von Wasserbewohnern. Was in der Technik als nahezu unmöglich erscheint, nämlich starke Klebeverbindung unter Wasser herzustellen und aufrechtzuerhalten, scheint für Meeresbewohner kein Problem darzustellen.

Als der stärkste unterseeische Klebstoff gilt der der Seepocken, Kleinkrebsen, die sich auf dem Untergrund, den sie in Kolonien besiedeln, festkleben. Dieser Kleber haftet auch über den Tod der Krebse hinaus und stellt ein riesiges Problem beispielsweise für Schiffsrümpfe oder Offshore-Plattformen dar, an denen sich die Seepocken niederlassen und diese wie eine Kruste überziehen. Das bedeutet auch, dass es für die Krebstiere unerheblich ist, ob der Untergrund, an den sie anhaften möchten, nass ist. Wie das möglich ist, einen nassen Haftgrund mit dem Seepockenkleber zu benetzen, war lange Zeit ein Rätsel. Erst im Jahr 2014 fanden Forscher der britischen Newcastle University heraus, dass die Seepocken zunächst ein öliges Sekret ausscheiden, welches das Wasser von der Oberfläche verdrängt, um anschließend den eigentlichen Kleber aufzutragen, der aus Phosphoproteinen besteht. Die Erkenntnisse sollen nun einerseits dazu dienen, möglichst bald einen starken Unterwasserklebstoff zu entwickeln, andererseits ein wirksames und vor allem ungiftiges Mittel gegen das Fouling, den Besatz von Schiffen mit Seepocken, zu finden (siehe S. 141).

Beinahe noch interessanter als der Klebstoff der Seepocken ist der von Miesmuscheln. Zwar sind deren Kleber, die ebenfalls auf

Proteinen basieren, nicht ganz so stark wie der der Seepocken, doch sie haben andere Vorteile: Zum einen sind sie trotz hoher Festigkeit elastisch – was sie für die Medizin so interessant macht, ließen sich doch dadurch viele Gewebe (gerade auch im feuchten Milieu) zusammenkleben statt nähen. Zum anderen aber sind die Miesmuscheln anders als die Seepocken in der Lage, den Kleber auch wieder vom Untergrund abzulösen – und zwar ohne Spuren zu hinterlassen. Wie sie das allerdings anstellen, wo sie das entsprechende Lösungsmittel deponieren und wie sie es einsetzen, ist noch nicht restlos geklärt.

BIOLOGISCHE KERAMIKEN

Temperaturen von 1000 °C und mehr sind vonnöten, soll ein vom Menschen hergestelltes Keramikprodukt wasserbeständig werden. Muss es zudem wasserdicht sein, so ist auch eine Glasur, also ein feiner Glasüberzug nötig. Die Keramiken der belebten Natur entstehen bei Umgebungstemperatur und sind nicht nur wasserbeständig und wasserdicht, sie entstehen vielfach sogar direkt im Wasser. Und sie verfügen über verblüffende Eigenschaften sowie über eine verblüffende Formenvielfalt, die die vom Menschen gemachte Keramik weit in den Schatten stellt.

Das Besondere an den biologischen Keramiken: Fast immer handelt es sich bei ihnen um Verbundstoffe. Reine anorganische Keramiken sind äußerst selten, meist bestehen die biologischen Keramiken aus anorganischen Mineralen und einem oder mehreren organischen Polymeren.

Eine reine Keramik beziehungsweise reines Opal weisen die Strahlentierchen, auch Radiolarien genannt, auf. Die einzelligen Meeresbewohner besitzen ein Endoskelett aus Siliziumdioxid in seiner Ausformung als Opal. In dem amorphen Material bilden die Silizium- und Sauerstoffatome keine kristalline, also geordnete Struktur, sondern setzen sich ohne weit reichende Ordnung zusammen, eine auch für Gläser charakteristische Eigenschaft. Das Besondere an diesen Tierchen ist allerdings nicht das Material selbst, sondern die Fähigkeiten der Einzeller, mit einem erstaunlichen Formenreichtum herausragend stabile Strukturen aus Siliziumdioxid zu bilden, die nicht nur unvergleichlich hübsch anzusehen sind, sondern besonders materialsparend angefertigt werden. Die Strahlentierchen erzeugen nahezu unzerbrechliche Opalstrukturen. Ähnlich sieht es beim Gießkannenschwamm, einer Glasschwammart, aus. Er wird von einem bruchfesten Gitter aus Glasfasern geschützt. Untersuchun-

Skelette dreier Strahlentierchen. Die auch Radiolarien genannten einzelligen Lebewesen besitzen ein Endoskelett aus Opal. ▼

Skelett einer Radiolarie, Rasterelektronenmikroskopie (520-fache Vergrößerung).

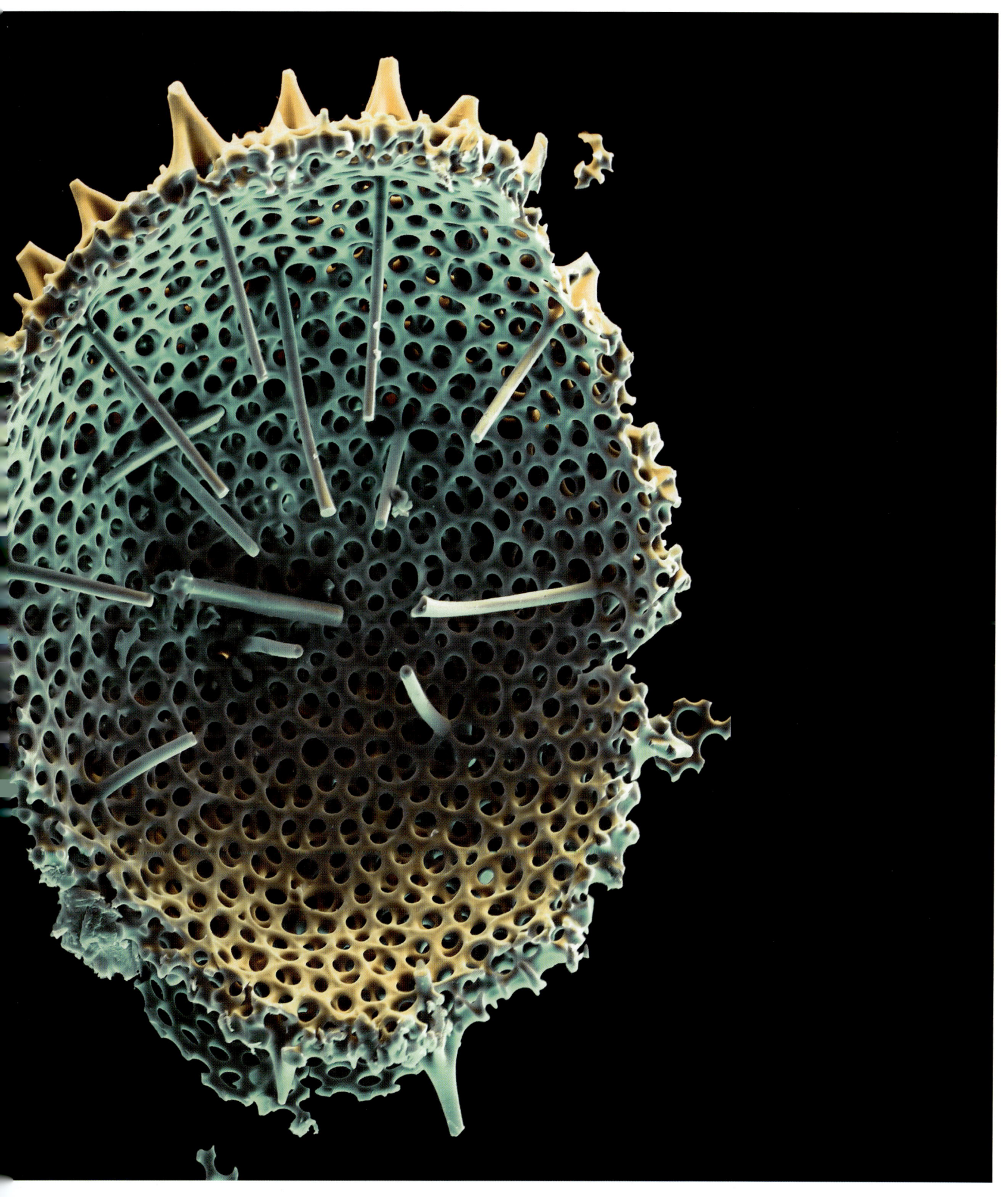

gen der Nanostruktur dieser Gitter förderten die Erkenntnis zutage, dass die Glasfasern aus einzelnen Silikatschichten zusammengesetzt werden, die mittels einer organischen Matrix miteinander verklebt werden. Die einzelnen Glasfasern wiederum werden gebündelt, mit einer Art Zement erneut verklebt und bilden so feste Glasstäbe aus, die schließlich zu einem Gitter verwoben sind. Das vermeintlich reine Glasfaserskelett des Gießkannenschwamms entpuppt sich also bei näherer Untersuchung als hierarchisch geschickt geordneter Verbundwerkstoff mit – in Bezug auf das sonst so fragile, spröde Material Glas – herausragenden bruchfesten Eigenschaften, denn entstehende Risse werden von den organischen Klebstoffschichten gestoppt.

Ähnliches gilt für eine weitere biologische Keramik, die das Lieblingskind der Materialforscher weltweit darstellt: Perlmutt. Perlmutt besteht in erster Linie aus Calciumcarbonat, einem Stoff, aus dem auch handelsübliche Tafelkreide hergestellt wird, die ja bekanntlich recht brüchig ist. Allerdings tritt das Calciumcarbonat des Perlmutts in Form des Minerals Aragonit auf, einem mittelharten Mineral. Um zu verstehen, was Perlmutt so außerordentlich fest macht, dass es sich trotz seines eigentlich spröden Rohstoffs nur schwer brechen lässt, hat man auch seine Nanostruktur genauer unter die Lupe genommen. Das Ergebnis: Perlmutt besteht aus Schichten winziger sechseckiger Aragonitplättchen, die wie Ziegel aufeinandergelegt sind und durch noch feinere Schichten aus Proteinkleber miteinander verbunden werden. Die Schichten weisen ein Dickenverhältnis von 10:1 auf, das heißt, auf eine 400 Nanometer dicke Aragonitschicht folgt eine 40 Nanometer dicke Proteinkleberschicht. Dadurch weist Perlmutt eine etwa 3000-fach höhere Bruchfestigkeit auf als reines Aragonit. Erklärbar ist das damit, dass sich ein in einer Schicht entstandener Riss nicht in die anderen Schichten fortsetzen kann, denn die Proteinschicht ist elastisch und hält den Riss auf.

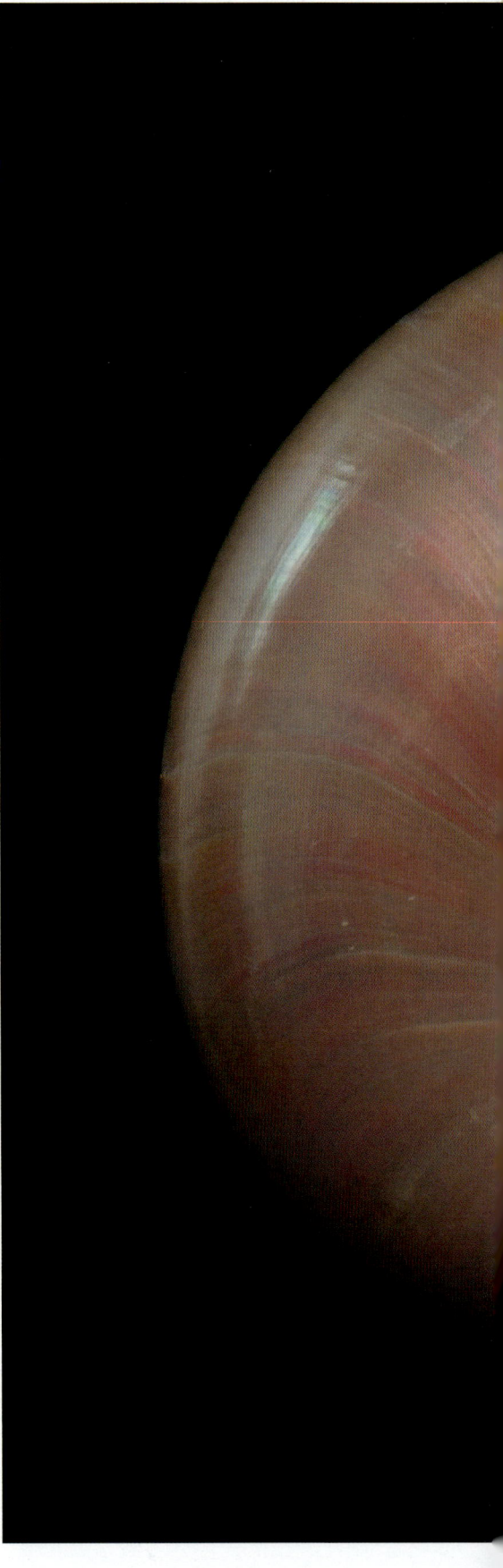

Der Nautilus, der zur Gattung der Perlboote gehört, ist ein urtümlicher Tintenfisch; die ersten Exemplare lebten bereits vor 500 Millionen Jahren. Man findet ihn heute hauptsächlich im westlichen Pazifik und in einigen Regionen des Indischen Ozeans. Das Besondere am Nautilus ist sein Schneckenhaus, in das er sich zurückziehen und in Tiefen von bis zu 600 Metern abtauchen kann. Dass das Schneckenhaus dem in diesen Tiefen herrschenden enormen Druck standhält, verdankt es u. a. dem Perlmutt, aus dem es besteht.

Trotz dieser herausragenden Eigenschaften des Perlmutts ist es selbst als technischer Werkstoff nicht unbedingt begehrt – zu instabil reagiert das Aragonit beispielsweise auf Säuren. Daher haben die Wissenschaftler am Max-Planck-Institut für Metallforschung in Stuttgart ihre Versuche auf Titandioxid statt Aragonit konzentriert, die Proteinschichten haben sie durch elastische Kunststoffpolymere ersetzt. Interessant an den Versuchen war einerseits, dass sich das Titandioxid in einer wässrigen Lösung selbstorganisiert auf einer Trägerplatte ablagerte, so wie sich anschließend in einer anderen Lösung die Kunststoffpolymere eigenständig anordneten. Es waren also trotz der Herstellung einer Keramik keine hohen Temperaturen vonnöten, sondern die Umgebungstemperaturen ausreichend. Zum anderen zeigten die Testreihen, dass die Dicke der Schichten im Verhältnis von 10:1, so wie sie das natürliche Perlmutt vorgibt, die stabilste, bruchfesteste Variante ist. Das neue Verbundmaterial brach erst bei deutlich höherem Druck als reines Titandioxid. Wieder dient die elastische Kunststoffpolymerschicht als eine Sperre für Risse. An das natürliche Perlmutt kommt das künstliche auf Titandioxid- und Kunststoffbasis allerdings noch längst nicht heran.

Auch den Keramiken der Wirbeltiere entlocken die Wissenschaftler zunehmend ihre Geheimnisse. Wie bleiben beispielsweise die Zähne von Ratten dauerhaft scharf? Des Rätsels Lösung liegt darin, dass Rattenzähne im Innern aus weichem Dentin, Zahnbein, bestehen und nur teilweise von der harten Zahnschmelzkeramik umgeben sind. Damit liegen Schichten mit unterschiedlich starkem Abrieb nebeneinander: Das Dentin wird beim Nagen rasch abgerieben, der Zahnschmelz deutlich langsamer, und so bleibt die Kante des Zahnschmelzes immer scharf. Längst hat man in der Technik Messer entwickelt, die sich diesem Prinzip folgend selbst schärfen. Einziger Nachteil der selbstschärfenden Messer: Weil sie nicht wie die Rattenzähne wöchentlich um ein paar Millimeter nachwachsen, nutzen sich die Klingen mit der Zeit ab und müssen dann ausgetauscht werden.

VERBUNDSTOFFE

Spätestens die biologischen Keramiken zeigen, dass die Materialien der Natur letztendlich zu einem Großteil aus Verbundwerkstoffen bestehen. Das reicht vom Teilchen-/Nanoverbundwerkstoff über Faserverbundstoffe bis hin zu Schicht- und Sandwichverbundstoffen. Die ausgereiften technischen Instrumente erlauben es der Wissenschaft

Seegurken, die mit Seeigeln und Seesternen verwandt sind, leben in der Tiefsee und ernähren sich vor allem von abgestorbenem organischem Material. Ihre stachelige Haut hat Bioniker zu einer Erfindung inspiriert, die bei der Therapie von Parkinson- und Schlaganfallpatienten eingesetzt werden soll. ▼

zunehmend, diese Verbundstoffe bis ins kleinste Detail zu erforschen und die Prinzipien der Natur zu verstehen.

So ist nach langem Tüfteln darüber, wie sich das eigentlich weiche elastische Gewebe der Seegurke bei Gefahr in Sekundenschnelle in einen steifen Panzer umwandelt kann, inzwischen sogar ein erster Stoff entwickelt worden, der dem Prinzip der Seegurke folgt. Auch wenn die Vorstellungen, dass aus dem Seegurkenverbundwerkstoff schusssichere Westen und Fahrzeugpanzerungen entstehen könnten, noch nicht verwirklicht werden konnten, gibt es doch bereits den Prototyp zumindest für ein Produkt: ein künstlicher Angelköder, der beim Eintauchen ins Wasser sogar zappelt.

Welches Prinzip steht hinter der Seegurkenstarre? In das weiche Gewebe der Meeresbewohner sind netzartige Kollagenfasern integriert, die erstarren, wenn das Nervensystem der Seegurken spezielle chemische Substanzen ausschüttet. Für den biogenen Kompositwerkstoff, der an der Universität von Cleveland entwickelt wurde, wurden Nanozellulosefasern in einem dichten Netz in einen Kunststoff eingebaut. Im trockenen Zustand ist dieser Kunststoff starr. Kommt das Komposit dagegen mit Wasser in Berührung, saugen sich die Fasern teils mit Wasser voll und der Werkstoff wird weich und elastisch.

Für den Angelköder muss man nun nur noch ein wurmlanges Stück des Materials im elastischen Zustand zwirbeln und verdrehen und so wieder trocknen. Kommt der künstliche Wurm an der Angelschnur mit Wasser in Berührung, wird er weich und kehrt, dank des

Formgedächtnisses des Materials, in seine ursprüngliche Form zurück. Und zappelt dabei wie ein echter Wurm am Haken. Doch die Wissenschaftler haben Höheres im Sinn als einen künstlichen Fischköder oder selbst eine gepanzerte Schutzweste: Sie sehen in dem Verbundstoff eine Möglichkeit, daraus Mikroelektroden als Teil eines künstlichen Nervensystems herzustellen, die im starren Zustand ins Gehirn eingepflanzt werden können und die im Anschluss durch die Gehirnflüssigkeit weich werden. Auf diese Weise, so hoffen die Forscher, würden die künstlichen Elektroden nicht mehr wie bislang die harten Materialien vom menschlichen Gewebe abgestoßen; sie sollen besser von dem natürlichen Gewebe angenommen werden. Gleichzeitig ist es für die Implantation der Elektroden von Vorteil, dass sie zunächst starr sind, können sie doch so besser im Gehirn platziert werden. Ein mögliches Einsatzgebiet solcher Mikroelektroden sehen die Wissenschaftler im Gehirn von Parkinson-Patienten, wo sie beispielsweise das krankheitstypische Zittern unterdrücken könnten.

Im Gegensatz zu den Nanoteilchenverbundstoffen sind Faserverbundstoffe nach natürlichem Vorbild auch in der Technik bereits weit verbreitet. Beispiele aus der Natur für faserverstärkte Verbundstoffe gibt es zuhauf, die bedeutendsten aber sind sicherlich die Haut von Säugetieren, die von Kollagenfasern gestützt wird, oder Muskeln, die aus den in Muskelgewebe eingebetteten Muskelfasern bestehen.

Die Geschichte der technischen Faserverbundstoffe beginnt mit einer Entdeckung des britischen Ingenieurs Alan Arnold Griffith in den 1920er-Jahren: dass nämlich ein Werkstoff in Faserform eine wesentlich größere Festigkeit aufweist als dasselbe Material in einer anderen Form. Und dabei gelte die Regel: Je dünner die Faser, desto größer ihre Festigkeit. Mit den Erkenntnissen über den Nutzen von Fasern geht die Entwicklung geeigneter, die Fasern verbindender Klebstoffe Hand

in Hand. 1930 stellt der Amerikaner Wallace Hume Carothers die ersten Nylonfasern her, wenige Jahre später kommen Epoxitharze auf den Markt und als 1968 auch die erste Karbonfaser industriell hergestellt wird, hat die Stunde der Faserverbundwerkstoffe geschlagen.

Die Faserverbundstoffe gehen häufig, aber nicht zwangsläufig mit den Schichtverbundstoffen, auch Laminate genannt, einher. Die müssen aus mindestens zwei Schichten flächig verklebten Materials bestehen, wobei natürlich eine Schicht auch aus Fasern, etwa aus Kevlar, einem proteinähnlichen Kunststoffpolymer, bestehen kann, die dann durchaus als Faserverbundstoff gelten kann. Auch Sandwichkomposite können einen Faseranteil enthalten.

Naturinspirierte Verbundstoffe wurden mittlerweile in einer Vielzahl technischer Produkte integriert, insbesondere solche Faserverbundstoffe, die Fasern mit Harzen kombinieren und dadurch eine verlässliche Stabilität bereithalten. Ein hervorragendes Beispiel für ein Produkt auf Basis solcher Faserverbundwerkstoffe sind die BUFO-Surfboards der deutschen Gebrüder Brauers. Ihre Hydroflex SuperCharger Technology verbindet einen EPS-Schaumkern mit Epoxitharz und Fiberglas (also bereits ein Glasfaser-Kunststoff-Komposit), wobei sich die Fasern

wie die Wurzeln eines Baums von der Außenhaut bis in den geschäumten Kern hineinziehen. Dass diese Boards zwar nicht biologisch abbaubar, aber zu hundert Prozent recycelbar sind, macht sie auch im Sinne der Kreislaufwirtschaft zu einem naturinspirierten, zu einem echten bionischen Produkt.

▼ *Nylon erwies sich als revolutionär für die Strumpf- und Strumpfhosenindustrie. Der Grund, warum Nylon und Strümpfe so gut zusammenpassen, liegt in der Festigkeit der Faser, was sogar die in der Strumpfwarenindustrie gebräuchlichen superdünnen Fäden für hauchdünne Stoffe reißfest machte.*

OBERFLÄCHEN

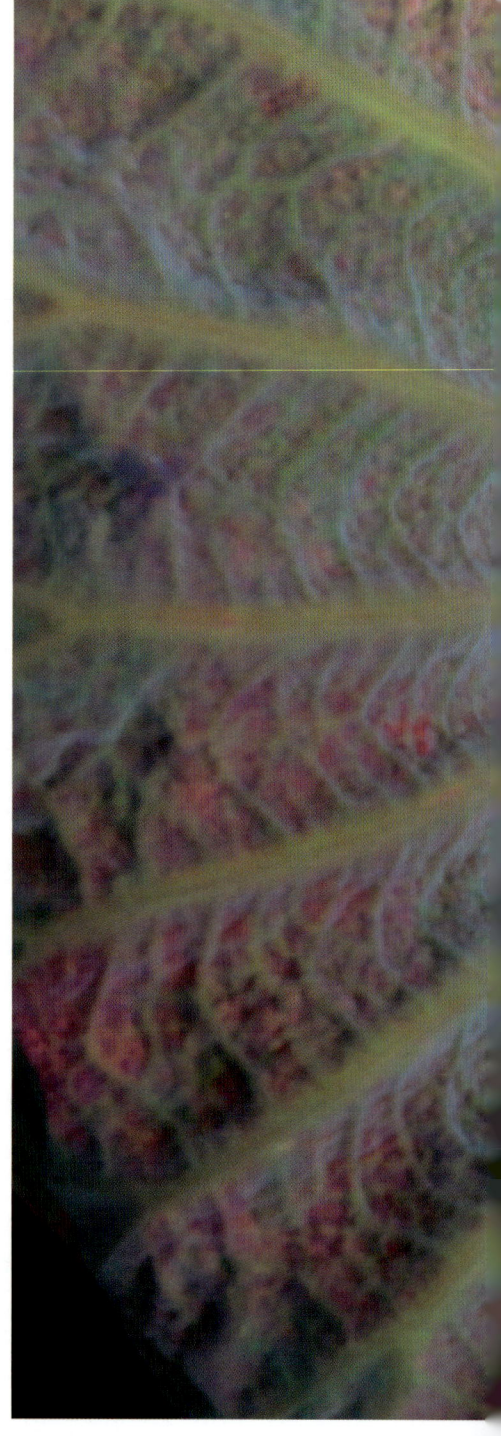

Die Oberflächen von Dingen – natürlicher und technischer, lebendiger oder toter, weicher oder harter Art – stellen physikalisch und materialwissenschaftlich gesehen immer Grenzflächen dar, Grenzflächen zwischen zwei Phasen, zwischen festen und gasförmigen, festen und flüssigen, aber auch zwischen festen und festen, flüssigen und gasförmigen Phasen.

Jeder Organismus, vom größten Säugetier bis hin zum Bakterium, verfügt über eine eigene Grenzfläche nach außen. Sie hat bestimmte Funktionen und Eigenschaften, ist für bestimmte Stoffe durchlässig und weist andere ab, ist hart oder weich, benetzbar oder nicht, sie ist vermeintlich glatt oder weist eine deutlich sichtbare Struktur auf. Zwischen zwei Grenzflächen wirken immer Kräfte, die Grenzflächenspannung.

Jede Grenzfläche, also auch jede Körperoberfläche eines Organismus, steht in Wechselwirkung zur angrenzenden Phase, zum Beispiel durch Stoffaustausch. Entsprechend komplex sind die Oberflächen von Organismen strukturiert. Das zeigt sich beispielsweise an der menschlichen Haut mit ihren mannigfachen Schichten und Funktionen, den sich ständig von unten erneuernden Zellen, die an der Grenze zur Luft in kleinen Schüppchen abfallen. Allein die Oberhaut, also die direkte Grenze zur Luft, hat eine Vielzahl von Aufgaben.

▲ In der Luft befindet sich eine Unzahl kleinster Schwebstoffe, die sich auf die Oberflächen von Gegenständen legen und hier mit der Zeit einen Schmutzfilm bilden. Nicht so bei einigen Pflanzenarten: An ihren Blättern bleibt selbst über lange Zeit nichts haften.

Um nur einige zu nennen: Hornzellen verhindern das Eindringen von Wasser, Pigmente liefern UV-Schutz und Immunzellen regeln die Abwehr von Keimen.

Die Oberflächen der belebten Natur stehen mit ihrem Aufbau und ihrer Struktur also ganz im Dienste ihres Organismus, schützen ihn, wehren die Außenwelt ab, aber treten auch mit ihr in Beziehung. Dass man die Funktionen der Oberflächen vieler Organismen erst allmählich entschlüsselt, hängt auch damit zusammen, dass die Technik erst erfunden werden musste, die beispielsweise die Struktur einer vermeintlich glatten Oberfläche preisgeben konnte. Mit Methoden wie der Rasterkraftmikroskopie zur Abtastung von Oberflächen wurde dies auch in den tiefsten Nanobereichen möglich. Sie offenbaren etwas, was bis dato von der Wissenschaft nur vermutet und von Laien in der Regel bis heute nicht bedacht wird: dass Oberflächen so gut wie nie glatt sind; sie verfügen vielmehr über einen Formenreichtum an Strukturen, der kaum vorstellbar ist.

Dieses neue Wissen über Oberflächen manifestierte darüber hinaus die bis dahin nur wage Vermutung der Wissenschaft, dass Eigenschaften von Oberflächen und Fähigkeiten von Organismen nicht allein vom Werkstoff einer Grenzfläche abhängen. Natürlich hat auch er eine Bedeutung, doch sind es ebenso die neu entdeckten Oberflächenstrukturen. Und die werden damit für die Technik besonders interessant, erhofft man sich doch, damit manchen Fähigkeiten von Lebewesen auf die Spur zu kommen und sie vielleicht sogar nachahmen zu können.

Und so beruht auf einer pflanzlichen Oberflächenstruktur beispielsweise wohl die bislang berühmteste Erkenntnis der Bionik: die des Lotuseffekts.

▶ Der Lotuseffekt ist nicht nur allein an der Lotuspflanze Nelumbo nucifera *zu beobachten, sondern auch an zahlreichen Käferarten sowie an vielen anderen Pflanzen. Beispielsweise perlen Wasser und Schmutz ebenfalls von den Blättern von Kohlrabi oder der Kapuzinerkresse ab.*

UNEBENHEITEN GEGEN SCHMUTZ

Lotosblumen sind Wasserpflanzen, deren Blüten in zarten seero-senähnlichen Blüten aus dem Wasser ragen und deren 20–40 Zentimeter große, trichterförmige Blätter auf 1–2 Meter hohen Stielen krautig die Wasseroberfläche überwuchern. Anders als die der Seerosen schwimmen die Blätter des Lotos nicht auf dem Wasser, sondern erheben sich darüber und zeichnen sich durch dauernde Sauberkeit aus. In Hinduismus wie Buddhismus gelten sie als Symbol der Reinheit, Unberührtheit und Erleuchtung, Buddha beispielsweise wurde der Legende nach auf einer Lotosblume geboren. Und doch strecken sie in nicht allzu tiefen Gewässern stets ihre Rhizome in den schlammigen Untergrund und müssen erst einmal aus ihm

herauswachsen, um ihre Blätter an der Luft zu entrollen. Und dann sind sie blitzsauber, sehen aus, als hätten sie mit dem Tümpel, in dem sie wurzeln, keinerlei Kontakt gehabt. An den Blättern bleibt, wie sehr man es auch versucht, kein Schmutz dauerhaft hängen. Spätestens wenn Wasser über die Blattoberfläche spült, ist aller Schmutz restlos beseitigt; kein Staubkorn haftet an. Zudem ist die Blattoberfläche auch nach Wasserkontakt völlig trocken.

Lange Zeit wurde dieser Effekt damit begründet, dass die Blätter mit einer Schicht aus Lipiden, die als Wachse bezeichnet werden, überzogen sind, ähnlich Mangos oder Zwetschgen, die einen weißli-

▲ *Schematische Darstellung des Lotuseffekts.*

chen Belag, ebensolche Wachse, tragen. Die Lotosblätter erscheinen durch diese hauchdünne Wachsschicht in einem matten Blaugrün, denn das Licht wird anders gebrochen als ohne diese Schicht. Doch der Überzug aus Wachsen ist nicht deshalb für den schmutzabweisenden Effekt der Lotosblattoberfläche verantwortlich, weil die Wachse eine glatte Fläche bilden, an denen der Schmutz abläuft. Im Gegenteil: Im Zuge der Ausbildung dieser Wachsschichten wachsen die Wachsmoleküle zu dreidimensionalen, Nano- bis Mikrometer großen Strukturen unterschiedlicher Form heran, bilden den genauen Gegensatz zu einer glatten Fläche, sondern winzige Noppen auf der Blattoberseite.

In dieser rauen Oberfläche liegt der selbstreinigende Effekt der Lotusblätter begründet. Durch die Strukturen können sich Wassertropfen nicht ausbreiten, sie bleiben als fast kugelrunde Tropfen auf dem Blatt liegen beziehungsweise fließen bei dem trichterförmig geneigten Lotosblatt in die Mitte ab. Dabei nehmen die einzelnen Tropfen die Schmutzpartikel auf der Blattoberfläche auf, schließen sie in ihrem Inneren ein und transportieren sie mit sich fort.

Für die Pflanze hat dieser selbstreinigende Effekt zwei ganz wesentliche Vorteile: Zum

einen können die Blattoberflächen nicht von Mikroorganismen besiedelt werden, die das Blatt und gegebenenfalls die ganze Pflanze schädigen könnten, zum anderen bleibt die Blattoberfläche auch bei stärkstem Dauerregen trocken und die Atemporen des Blattes sind frei, werden nicht durch die Benetzung mit Wasser verstopft.

Die Lotosblüte ist nicht die einzige Pflanze, die über diesen Selbstreinigungsmechanismus verfügt. Auch weniger exotische Pflanzen wie der Frauenmantel, in dem sich in den Morgenstunden die Tautropfen sammeln, Kapuzinerkresse und Kohlrabiblätter und nicht zuletzt die Flügel vieler Insekten sind mit ihm ausgestattet, doch bei der Lotosblume ist seine Wirkung nahezu vollendet.

Entdecker dieser extrem wasserabweisenden, also superhydrophoben Oberfläche war der Botaniker Wilhelm Barthlott, der bereits in den 1970er-Jahren erste Versuche mit selbstreinigenden Oberflächen machte und technische Adaptionen entwickelte, die den selbstreinigenden Effekt der Lotosblume nachahmten. Doch bis die unter dem Namen Lotuseffekt (nach dem latinisierten Namen von Lotos) bekannt wurden, sollten weitere 20 Jahre vergehen: Zu tief war die Annahme, nur absolut glatte Flächen könnten überhaupt

Abperlende Tautropfen auf
einem Frauenmantelblatt.

über einen Selbstreinigungseffekt verfügen, noch in Wissenschaft und vor allem Wirtschaft verankert, als dass man Barthlotts Ideen Aufmerksamkeit geschenkt hätte.

Mittlerweile aber ist der Lotuseffekt in aller Munde. Beispielsweise sind manche Fassadenfarben mit dieser Technik ausgestattet, sodass der Regen an ihnen abperlt und dabei gleich allen Schmutz mit sich führt. Auch andere Produkte wurden bereits mit dem Lotuseffekt ausgestattet. Etwa ein Löffel mit einer Oberfläche, von dem Honig und selbst Klebstoff einfach abperlen, oder eine Backform, die weder eingefettet noch mit Backpapier ausgelegt werden muss, sondern aus der sich der Kuchen dank ihrer Struktur einfach lösen lässt.

RIPPCHEN GEGEN REIBUNG

Weit weniger bekannt als der Lotuseffekt, aber eine ebenso gut erforschte und teilweise technisch erfolgreich adaptierte Oberfläche ist die der Haut von Haien.

Es begann in den 1970er-Jahren: Wolf-Ernst Reif, Professor für Paläontologie und Evolutionsbiologie an der Universität Tübingen, untersuchte die Strukturen fossiler Haiarten. Dabei machte ihn die Haut der Tiere stutzig: Gerade jene der schnell schwimmenden Ar-

ten war mit mikroskopisch feinen Furchen überzogen, deren Verlauf genau der Strömungsrichtung beim Schwimmen entsprach. Zudem waren die Schuppen dergestalt angeordnet, dass sich die Rillen auf den hintereinanderliegenden Schuppen fortsetzten und mithin den Körper der Knochenfische durchgehend überzogen.

Die bis dato gängige Meinung, jegliche Struktur einer Oberfläche würde deren Reibungswiderstand herabsetzen, passte nicht gut zu dieser strukturierten Haut, insbesondere im Hinblick darauf, dass die schnell schwimmenden Haiarten prägnantere Hautrillen aufwiesen. Reif mutmaßte sofort, dass die Furchen einen positiven Effekt auf die Strömungsdynamik haben müssten und dass die Annahme, nur glatte Grenzflächen hätten einen geringen Reibungswiderstand, so nicht mehr aufrechterhalten werden könnte. Eine Probe, die er an den Leiter der Abteilung Turbulenzforschung des Deut-

▶ *Haifischhaut für die Luftfahrt. Bereits Anfang der 1990er-Jahre entwickelte das Forscherteam des DLR eine selbstklebende Folie für Flugzeugoberflächen, die eine der Haifischhaut nachempfundene Mikrostruktur aufwies.*

schen Zentrums für Luft- und Raumfahrt (DLR), Dr. Dietrich W. Bechert, sandte, sollte Klarheit schaffen. Exakte Vermessungen von Tiefe und Weite der Rillen und Schuppenform der fossilen Muster wie „frischer" Haihaut ergaben geometrische Muster, welche Bechert und seine Mitstreiter zunächst hundertfach vergrößert in Plexiglas nachbildeten und anschließend in einem Ölkanal testeten. Das Ergebnis: Die Rillen und insbesondere die Rillenfirste mindern deutlich die Reibung an der Grenze zwischen Fisch und Wasser, indem sie retardierende Turbulenzen unterbinden. Und zwar – abhängig vom Muster – um bis zu 10,2 Prozent.

Auf Basis dieser Untersuchungen erwuchs eine technische Adaption; eine glasklare, selbstklebende und mit feinen Längsrillen versehene Folie, die sogenannte Ribletfolie (Riblet = engl. Rippchen). Berechnungen zufolge sollte die Folie, auf einem Airbus des Typs A320 aufgeklebt, eine Reibungsverminderung von bis zu 8 Prozent bewirken, wodurch das Flugzeug pro Langstreckenflug immerhin 2,4 Tonnen Kerosin einsparen würde. Doch ganz so einfach scheint die Umsetzung in der Technik nun doch nicht zu sein: 1996 wurden besonders turbulenzanfällige Stellen eines Airbus A340 mit der Folie beklebt. Das machte etwa 30 Prozent des Flugzeugs aus. Die Reibung wurde um bis zu 2 Prozent minimiert – auch das sparte noch immer eine halbe Tonne Treibstoff ein. Dennoch lassen Fluggesellschaften ihre Flugzeuge bislang nicht mit Ribletfolien ausstatten. Warum, wenn man doch immerhin etwa 75 Prozent eines Flugzeugs bekleben könnte und auf jedem Flug dadurch so viel Kerosin spart, dass etwa 15 Personen mehr pro Flug transportiert werden könnten? Die Folien hielten den extremen Temperaturschwankungen zwischen Boden und großen Höhen, die mehr als 100 °C betragen, nicht dauerhaft stand, sodass die Folien am Boden stets kontrolliert und teils langwierig geflickt werden mussten. Die Ausfallzeiten und Personalkosten wurden zu teuer, als dass sie den ökologischen Gewinn für die Fluggesellschaften aufwogen.

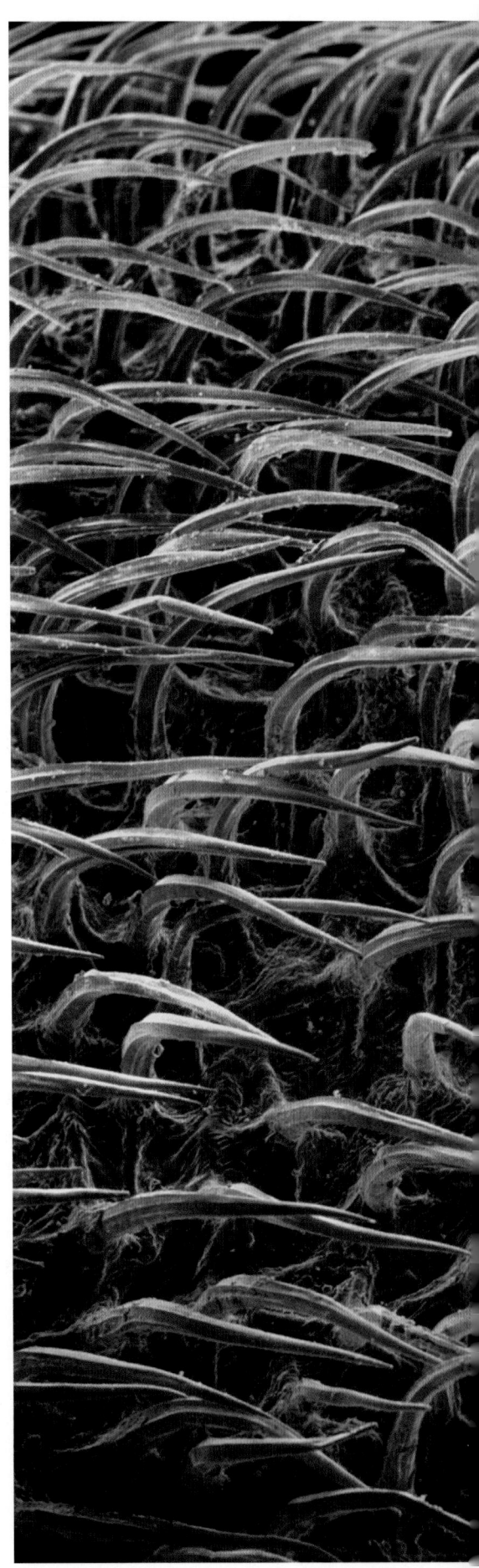

◀ *Die Haut des Hais ist alles ande-*
re als glatt. Sie hat vielmehr winzig
kleine schuppenartige Hautzähne,
die ihrerseits feinste Rillen aufweisen,
die sogenannten Placoidschuppen.
Diese Oberflächenstruktur hat einen
positiven Effekt auf die Strömungs-
dynamik.

Indes hat das Fraunhofer Institut mittlerweile eine Lackiertechnik erfunden, die mittels Nanopartikeln die Haifischstruktur auf das Flugzeug wie auch auf Schiffsrümpfe, und zwar auf alle lackierten Flächen, übertragen kann. Dieser Lack übersteht einerseits die hohen Temperaturschwankungen, andererseits extreme UV-Strahlung und hohe Geschwindigkeiten. Eine zweiprozentige Treibstoffeinsparung verspricht die Fraunhofer-Technik durch Minderung des Reibungswiderstandes. Darüber hinaus aber kombinieren die Nanopartikel die Haifischhaut mit dem Lotuseffekt: Der Lack wirkt schmutzabweisend und ist dadurch weniger anfällig gegen Abrieb und Erosion.

Während im Flugzeug- und im Schiffsbau die Techniken zwar schon erprobt, aber noch nicht durchweg angewandt werden beziehungsweise nicht marktreif sind, hat die Bekleidungsindustrie die Haihaut schon zur Serienreife gebracht: Ein Schwimmanzug soll Profischwim-

mern bei Wettkämpfen die entscheidenden Hundertstelsekunden ein-
bringen. Allerdings zweifeln diverse Studien und Forscher an der Funktionsfähigkeit der Gewebe: Sie schreiben die Erfolge einiger Schwimmer
in „Haifischhaut"-Badeanzügen eher deren komprimierenden Wirkung
sowie einem psychologischen Effekt ähnlich einem Placebo zu.

RIPPCHEN UND ZÄHNCHEN GEGEN BEWUCHS

Die Haut von Haien hat aber noch weitere Inspirationen geliefert:
An der Abteilung Bionik der Hochschule Bremen haben sich Forscher mit dem Problem auseinandergesetzt, warum Wale von Seepocken besiedelt werden, Haie aber nicht. Auch hierfür machen
sie die Rillen der Haihaut verantwortlich, zusätzlich aber auch die
beweglichen, zähnchenartigen Schuppen. Dieses Phänomen auf
das Problem des Foulings an Schiffsrümpfen zu übertragen, war
vorrangiges Ziel der Wissenschaftler. Denn Schiffsrümpfe werden
von Seepocken, Muscheln und Algen besiedelt, was die riesigen
Frachter und Tanker – im Gegensatz zu lebenden Meeresriesen,
den Walen, denen die Seepocken in der Regel nichts anhaben –
mit der Zeit dermaßen abbremst, dass der Treibstoffverbrauch ra-
sant steigt. Zudem trägt der Bewuchs maßgeblich zur Korrosion der
Schiffsrümpfe bei. Hochgiftige zinkhaltige Anstriche hatten lange Zeit
davor geschützt, bis sie im Jahr 2003 verboten wurden. Seitdem
wehren nur wenig zuträglichere kupferhaltige Anstriche die Besied-
lung mit unerwünschten Meeresbewohnern ab.

Doch das Bremer Forschungsteam fand eine Lösung, die zumindest
bereits im Sportbootbereich seine Marktreife erreicht hat. Sie haben
einen Anstrich entwickelt, der auf die Beweglichkeit der Schuppen,
vor allem aber wieder auf die Rippchen setzt – wenn auch nicht in ih-

▲ *Haie zählen bei den Bionikern zu den Favoriten im Tierreich, standen sie doch bereits für mehrere techni-sche Neuerungen Pate wie z. B. einem Anti-Fouling-Lack für Schiffsrümpfe.*

LUFTGEPOLSTERTE HAARE GEGEN NÄSSE

Immer wieder sind es die Fähigkeiten einiger Spinnenspezies, die die Wissenschaftler unterschiedlichster Disziplinen so zu begeistern vermögen, dass sie deren Eigenarten auf den Grund gehen müssen. Im Falle der Wasserjagdspinne *(Ancylometes bogotensis)* ist es die Befähigung, 30 Minuten unter Wasser auf Beutefang zu gehen, um im Anschluss völlig trocken an die Oberfläche zurückzukehren.

Wieder war es Prof. Wilhelm Barthlott (siehe S. 63), der zusammen mit seinem Kollegen Zdenek Cerman an der Universität Bonn das Geheimnis der Spinne entdeckte. Dieses Mal sind es Härchen, die für den superhydrophoben Charakter des Spinnenkörpers verantwortlich sind: Der Körper ist über und über mit Borsten bedeckt, die – wie unter dem Mikroskop sichtbar wird – mit feinsten Härchen besetzt sind. Zwischen und unter diesen behaarten Borsten setzt sich Luft ab, ein Luftpolster, mit dem die Jäger nicht nur übers Wasser laufen können, sondern das sie beim Untertauchen auch vollständig umgibt. Auf diese Weise steht der Spinne einerseits ständig Luft zum Atmen zur Verfügung, andererseits dringt auch kein Wasser zu ihrem Körper durch, sie bleibt trocken. Der Effekt ist

rer strömungskonformen Version. Denn auch auf einer ungeordneten Struktur finden Seepocken und Co. keinen bis wenig Halt, zudem lässt sich jede Art von Bewuchs leicht ablösen. Im Bootssport ist die Farbe, die alle zwei Jahre erneuert werden muss, bereits eine ungiftige Alternative zu den herkömmlichen bioziden Anstrichen und reduziert wie jene das Fouling um etwa 70 Prozent. Einzig für die großen Pötte muss die Methode noch etwas verbessert werden, kann deren Anstrich doch in der Regel nicht alle zwei Jahre erneuert werden.

sogar mit dem bloßen Auge sichtbar: Taucht die Spinne, scheint das ansonsten braune Tier von einem silbernen Film überzogen zu sein.

Für die Technik ergibt sich daraus eine ganze Reihe neuer Möglichkeiten: Gewebe, die selbst nach tagelanger Lagerung im Wasser trocken aus diesem hervorgehen, haben die Wissenschaftler aus Bonn bereits entwickelt. Forschern der Zürcher Universität wiederum ist es gelungen, Kleidung mit ungezählten feinsten Nano-Silikonfäden zu überziehen, unter denen sich Luftmoleküle ablagern. Weder Wasser noch Schmutz bleiben an den Textilien hängen.

Doch neben wasserabweisender Kleidung steht eine weitere, bedeutendere Funktion solcher Oberflächen im Fokus der Wissenschaft: Wenn es gelänge, Schiffsrümpfe mit solch haarigen Oberflächen zu beschichten und in ihnen dauerhaft ein Luftpolster aufzubauen, würde das den Reibungswiderstand bei der Fahrt deutlich mindern, was wiederum den Treibstoffverbrauch stark senken würde.

Natürliche Oberflächen, wie das Gefieder von Vögeln, stellen für Bioniker eine beinahe unerschöpfliche Inspirationsquelle dar.

VERPACKUNGEN

Wandert man über eine städtische Müllkippe, fällt eines sofort ins Auge: Ein Großteil des menschlichen Mülls besteht in Verpackungen. Kunststoffe, Karton, Metall, Verbundstoffe, Glas, Keramik – die Materialien der menschlichen Verpackungen sind beinahe ebenso vielfältig wie ihr Nutzen und ihre Form.

Sie dienen dazu, Dinge sicher zu transportieren, ihre Qualität, Frische etc. zu bewahren, Produkte zu stapeln, sie zu schützen. Ohne Verpackungen wäre ein Großteil unseres Warentransports und -konsums nicht möglich. Darüber hinaus gehören in die große Familie der Verpackungen aber auch Dinge, die wir gemeinhin gar nicht als eine solche ansehen: Kleidung etwa zählt letztendlich mit zu den Verpackungen.

◄ Viele Entwicklungen und Verbesserungen, an denen Menschen heute immer noch arbeiten, hat die Natur bereits hervorragend gelöst: Dies gilt im besonderen Maße für Verpackungen.

In Bezug auf Verpackungen war der Mensch sehr kreativ. Und doch ist ihm die Natur hierin weit überlegen: Denn die Natur ist voll von Verpackungen. Sie haben denen der Menschen einiges voraus, denn sie haben weit mehr Funktionen, weit mehr Eigenschaften und können darüber hinaus ein Vielfaches dessen, zu dem eine technische Verpackung jemals imstande sein wird.

Zu den wesentlichsten Eigenschaften natürlicher Verpackungen zählt sicherlich, dass sie, wie alle natürlichen Materialien, vollständig rezyklierbar sind. Berge unnützer, weil verbrauchter Verpackungen hinterlässt nur der Mensch. Darüber hinaus ist den natürlichen Verpackungen eigen, dass sie häufig mehr sind als reine Umhüllung, sie erfüllen weitere Aufgaben, die den technischen Verpackungen vollständig fehlen. In der Wissenschaft werden in der Regel auch Dinge mit zu den Verpackungen gezählt, die dem Laien nicht als solche erscheinen: das Federkleid der Vögel, Felle, die menschliche Haut. Sie werden ebenso als Grenzfläche betrachtet und daher hier ausgespart. Aber es gibt auch solche biologischen Verpackungen, die denen der technischen, vom Menschen gemachten prinzipiell gleichen: Sie sollen für eine relativ kurze Zeit etwas schützen, frisch halten, transportieren, dann geöffnet werden beziehungsweise aufbrechen und sind ab diesem Moment leere Hüllen, zur Wiederverwertung bereit. Zu solchen natürlichen Verpackungen zählen alle möglichen Schalen: von Zitronen, Bananen, von Nüssen oder Eiern. Sie alle bergen in sich ein kostbares Gut, halten es frisch, sorgen für seinen sicheren Transport, schützen mit ausgefallenen und sehr vielfältigen Methoden ihr Inneres und verrotten, sobald sie ausgedient haben und sind spätestens dann wieder Nahrung für eine Vielzahl von Organismen.

GESCHÜTZTES LEBEN

Im Gegensatz zu technischen Verpackungen sind die biologischen lebendig. Sie entstehen nicht, wie technische Verpackungen, unabhängig von einem Organismus, sondern sind Teil von ihm und wachsen mit ihm. Die Werkstoffe der Verpackungen sind dieselben, die auch den Organismen zur Verfügung stehen: eben Proteine und Polysaccharide, einige Metalle und einige Keramiken, und das alles meist als Verbundstoff.

Die Verpackungen aber sind nicht nur selbst in der Regel lebendig (Ausnahmen bilden hier die Keramiken), sie bergen in sich zudem etwas Lebendiges, etwa Pflanzensamen.

Eines der Beispiele, das schon früh eine technische, wenn auch fehlerhafte Adaption gefunden hat, ist die Mohnkapsel.

◀ Die Kapselfrüchte des Schlafmohns werden auch als Porenkapseln bezeichnet. Nachdem die Pflanze verblüht ist, werden die Samen durch kleine Öffnungen an der Oberseite ausgesät.

Die Frucht des Mohns entwickelt sich aus dem Fruchtknoten und bildet sich als Kapsel aus, genauer als Porenkapsel. In dieser Kapsel liegt eine Vielzahl von Samenkörnern zunächst geschützt, reift heran, dann öffnen sich die Poren, um anschließend die Samen weitläufig zu verstreuen, sodass sie sich wieder zu neuen Mohnpflanzen entwickeln können. Die Poren sind dabei ringförmig um den oberen Rand der Kapsel verteilt. Wiegt sich der Stängel des Mohns und damit die Kapsel im Wind, fallen die reifen Samen aus den Poren und zur Erde. Die „Samenverpackung" des Mohns hat ihre Funktion erfüllt, in ihr konnten die Samen allmählich heranreifen, so lange geschützt und keimfähig lagernd, bis sie „ausgesät" werden konnten. Die Kapsel verrottet anschließend wie der Rest der Pflanze – zumindest die einjährigen Spezies.

Diese Mohnkapsel war Vorlage für den Salzstreuer. Raoul Heinrich Francé, österreichischer Botaniker und Naturphilosoph, suchte zu Beginn des 20. Jahrhunderts nach einer Möglichkeit, eine Fläche gleichmäßig mit organischem Material zu bestreuen. Er nahm sich dafür die Mohnkapsel zum Vorbild, kam aber wenig später auch auf die Idee, dass ein Gefäß, nach diesem Prinzip aufgebaut, bei Tisch Salz besser verteilen würde als das bis dahin übliche Salzfässchen. 1920 ließ Francé einen Salzstreuer patentieren, an dessen oberem Rand sich die Streulöcher befanden. Man wirft Francé heute vor, einen Fehler begangen zu haben, weil man mit diesem Salzstreuer nicht punktgenau streuen konnte, sondern ähnlich der Mohnpflanze eher einen großen Radius bediente und daher wohl selten das eigene Essen traf. Letztendlich aber war der Schritt, die Streulöcher auf der Oberseite des Streuers anzubringen statt am Rand, wohl der kleinere als jene Adaption von einer Mohnkapsel zum Tischgefäß – zumal in einer Zeit, als die Bionik noch kein gesellschaftsrelevantes Thema war.

Es ist eine der häufigen Funktionen biologischer Verpackungen, die Samen zu schützen und zu transportieren. Die Mohnkapsel sorgt dafür, dass sich die Samen rund um die Mutterpflanze erneut aussäen. Das kann mal näher, mal ferner sein, doch die Verbreitung bleibt in der Regel auf die Region beschränkt. Eine Verpackung, die dagegen geeignet ist, Samen über lange Wege hinweg zu verbreiten und ihn dabei auch keimfähig zu halten, ist die Kokosnuss. Was muss diese Verpackung alles aushalten, damit der Samen zur Keimung kommt. Wo die Kokospalme, deren Frucht die Kokosnuss ist, wirklich heimisch ist, ist nicht gesichert. Und auch, wenn ein Großteil ihrer Verbreitung auf den Menschen zurückgeht, so ist doch der natürliche Verbreitungsradius der Kokospalme enorm. Das verdankt sie der Kokosnuss: Die muss zunächst einmal den Sturz von den Gipfeln der Palme in Sand oder ins Meer und manchmal sogar auf einen Stein überstehen – was ihr dank einer faserigen, robusten und mehrere Zentimeter dicken Hülle

▶ *Ein wahrer Verpackungskünstler: die Kokosnuss. Der Samen ist von einer dicken Faserschicht umgeben, die von einer ledrigen Außenhaut geschützt wird.*

aus Zellulosefasern gelingt. Die Fasern aber sind leicht, weisen winzige Hohlräume auf, die sie im Wasser schwimmen lassen. Wasser und Sonne können der Kokosnuss, die im Übrigen keine echte Nuss, sondern eine Steinfrucht ist, dennoch nichts anhaben, denn sie verfügt als Oberfläche über eine ledrige Außenhaut, die sie wasserdicht macht und auch UV-Strahlung sowie Hitze wirkungsvoll abhält. Auf diese Weise wasserdicht, vor Sonne und Stößen und ebenso gegen hungrige Meeresbewohner geschützt, kann sie weite Seereisen überstehen. Ob die Gerüchte stimmen, dass einzelne Exemplare schon an den

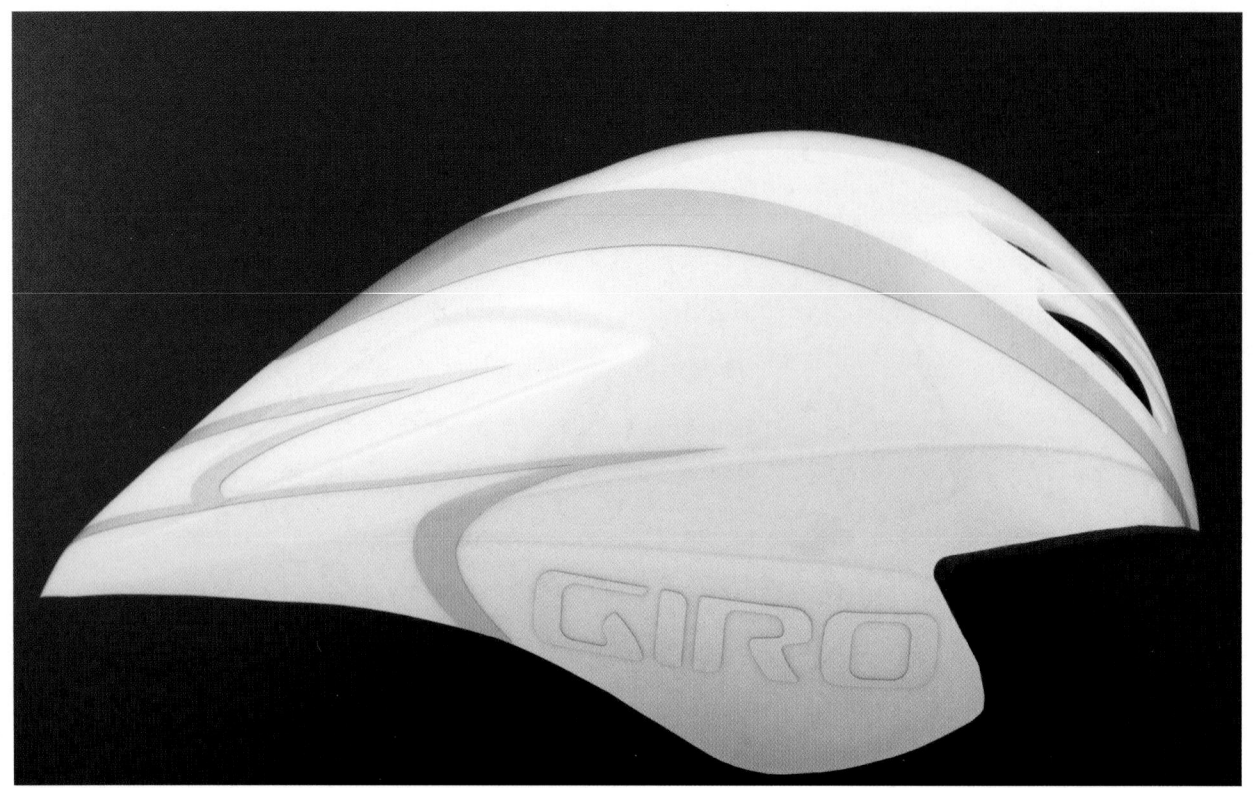

Gestaden Skandinaviens gesichtet wurden, wo sie wegen der niedrigen Temperaturen trotzdem nicht zum Keimen kamen, ist nicht gesichert. Es ist aber sehr gut möglich, dass Stürme sie in den hohen Norden transportierten, denn Versuche bewiesen, dass die Hüllen und Schalen der Kokosnuss auch 100 Tage im Salzwasser unbeschadet überstehen, der Keim anschließend sogar noch keimfähig ist. Das wiederum verdankt er der harten Steinschale im Innern, die Fruchtfleisch und Fruchtwasser birgt und schützt, beides Speicher für Wasser und Nährstoffe gleichermaßen. In einer solch sicheren Verpackung, in der der Keimling alles findet, was er in den ersten Tagen benötigt, entwickelt er sich zunächst

▲ Der Helm ist die wohl naheliegendste Ableitung des Erfolgsprinzips der Kokosnuss.

im Innern der Steinschale, um schließlich durch eines der drei Keimlöcher nach außen zu wachsen. Die Kokosnuss ist mithin nicht nur eine Verpackung, die eine ganze Reihe von Funktionen erfüllt, sie besteht auch aus einer ganzen Reihe unterschiedlicher Strukturen und Materialien und vereint in sich deren unterschiedliche Eigenschaften. Für eine weit reichende und sichere Verbreitung ihrer Art ist sie damit wie geschaffen.

„DER MENSCH IST EIN TEIL DER NATUR UND NICHT ETWAS, DAS ZU IHR IM WIDERSPRUCH STEHT."

Bertrand Russell

Eine wieder andere Taktik zum Verpacken und Verbreiten der Samen bevorzugen Nadelbäume wie etwa die Kiefer. Die Samen sind in den bekannten Kiefernzapfen eingeschlossen, die wie Holz aus von Lignin verklebten mehrschichtigen Zellulosefasern bestehen. Die Fasern sind unterschiedlich ausgerichtet, wodurch sie ein unterschiedliches Schrumpfungsverhalten bei Trockenheit an den Tag legen. Ein Teil der Fasern zieht sich bei Trockenheit schneller zusammen als die anderen, die einzelnen Schuppen biegen sich nach außen, der Zapfen öffnet sich und gibt die Samen frei. Auf diese Weise bestimmt der Zapfen den optimalen Zeitpunkt, wann die Samen freigegeben werden sollen, sie können in dem für sie perfekten Klima keimen.

Für die Technik sind solche im Zuge der Evolution in Jahrmillionen entstandenen, beinahe perfekten und äußerst zuverlässigen Verpackungen eine ständige Inspiration, wenn auch selten in ihrer ganzheitlichen Art. Zwar standen neben der Mohnkapsel auch die Kokosnuss und der Kiefernzapfen längst Pate für technische Produkte – Erstere hat einem den Aufprall dämpfenden Motorradhelm zum Vorbild gedient, Letzterer einem Gewebe für Sporttextilien, deren eine Schicht sich beim Schwitzen zusammenzieht und so Luftlöcher öffnet –, doch gilt für die Verpackungen wie für die Materialien und Oberflächen der Technik: Das eigentliche Genie der Natur haben die wenigsten technischen Adaptionen in sich vereint, nähmlich mit wenigen Materialien ohne giftige Wirkungen auszukommen, keine Energie und Rohstoffe zu verschwenden und Letztere in den Werkstoffkreislauf zurückzuführen. Derzeit sieht es nicht so aus, als würde dies in nächster Zeit im großen Stil und mit der Perfektion der Natur gelingen.

FORMGESTALTUNG IM ZEICHEN DER FORTBEWEGUNG

„BIONIK HEISST, SYSTEMATISCH IN DER NATUR NACH KONSTRUKTIONEN, VERFAHREN UND ENTWICKLUNGSPRINZIPIEN ZU FORSCHEN UND DIE BIOLOGISCHEN SYSTEME, DIE MAN MIT DER TECHNISCHEN BIOLOGIE UNTERSUCHT HAT, ZU ABSTRAHIEREN UND WIEDERUM IN DER TECHNIK ANZUWENDEN."

Werner Nachtigall, Biologe

Die Entwicklung zukunftsfähiger Fortbewegungs- und Transportmittel steht mehr denn je im Zeichen der Bionik. Ein verändertes Umweltbewusstsein und steigende Treibstoffpreise erfordern Konzepte, bei denen sich Prestige- und Statusgedanken im Einklang mit ressourcenschonenden und effizienten Lösungen finden, die dennoch keine Abstriche im Hinblick auf Sicherheit und Komfort machen.

◄ *Vorangehende Doppelseite:*
Schleiereulen sind lautlose Jäger.
Dies macht sie für Aerodynamiker
interessant, denn das Wissen um
Grundlagen ihres geräuscharmen
Flugs könnte helfen, neue Arten von
Tragflächen zu entwickeln.

Die Natur ist uns als Lehrmeister im Bereich sparsamer, effizienter Fortbewegung Milliarden Jahre voraus und als solche bislang unerreichbar. Und dennoch haben sich die Bemühungen um effiziente Konstruktionen nach dem Vorbild der Natur bereits bezahlt gemacht. Zwei Fragestellungen stehen bei der naturinspirierten Entwicklung von Kraftfahrzeugen, Schiffen oder Flugzeugen im Vordergrund: Welche Strukturen finden sich in der Natur, dank derer leichtere Karosserien, Tragflächen oder Schiffskabinen gebaut werden können, die zugleich nichts an Stabilität einbüßen? Und: Welche Tiere oder Pflanzen sind in ihrer Art der Fortbewegung vorbildlich im Hinblick auf ihre energetische Gesamtbilanz?

FORMGESTALTUNG IM ZEICHEN DER FORTBEWEGUNG

85

Die Entwicklung von Kraftfahrzeugen, Schiffen und Flugzeugen wird zukünftig maßgeblich an diesen Fragestellungen und der technischen Umsetzbarkeit natürlicher Vorbilder entschieden, denn Leichtbau und Formoptimierung sind zwei der wichtigsten Lösungsansätze, um das Versprechen emissionsärmer und energiesparender Verkehrsmittel einlösen zu können.

◀ *In der Flugzeugentwicklung geht es in erster Linie darum, bestehende Flugzeugtechnik durch den Einsatz neuer Formen und Materialien zu optimieren.*

ERBSENSCHOTEN UND BIENENWABEN – AUF DER SUCHE NACH DER PERFEKTEN STRUKTUR

Der Name Johannes Kepler (1571–1630) fällt meist im Zusammenhang mit astronomischen Aspekten oder im Kontext eines mathematischen Jahrhundertproblems, an dem sich Generationen von klugen Köpfen abarbeiteten und das als Keplersche Vermutung in die Geschichte einging.

Anders als die meisten mathematischen Fragestellungen ist die Keplersche Vermutung in ein Stück spannende englische Geschichte eingebettet, in welcher der Politiker, Seefahrer und Entdecker Sir Walter Raleigh (1552–1618) eine tragende Rolle spielt. Als Berater und Günstling von Königin Elisabeth I. initiierte Raleigh 1585 die Gründung der ersten englischen Kolonie in Amerika und nahm zehn Jahre später an einer Expedition nach Südamerika teil. Im Vorfeld dieser Seefahrten beschäftigte Raleigh ein scheinbar einfaches Problem: Er wünschte anhand der Anordnung und Stapelweise der im

Schiffsraum gelagerten Kanonenkugeln auf die Anzahl der runden Geschosse schließen zu können. Mit der Lösung des Problems beauftragte er seinen mathematischen Assistenten Thomas Harriot, der gleich einen Schritt weiterging, indem er eine wissenschaftlich fundierte Antwort auf die Frage zu finden hoffte, welche die effizienteste – im Sinne von platzsparendste – Art und Weise im Stapeln von Kanonenkugeln sei. Zu diesem Zweck suchte er die Unterstützung seines Kollegen Johannes Kepler. Dieser nahm sich des Problems an und veröffentlichte 1611 eine Abhandlung mit dem Titel „Neujahrsgeschenk – oder: vom sechseckigen Schnee", die er seinem Freund Wacker von Wackenfels als Neujahrsgabe überreichte. Zu diesem Zeitpunkt saß Sir Walter Raleigh bereits seit 13 Jahren

▲ *Die Erbsenschote erweist sich mit ihrer überaus platzsparenden Anordnung der Samen als ein vorbildlicher Baumeister in Sachen Effizienz.*

im Tower of London ein und verbüßte die von König Jakob I. verhängte Haftstrafe wegen Hochverrats, sodass sein Interesse an der Lösung des Kanonenkugelproblems als gering einzuschätzen sein dürfte.

Johannes Kepler selbst bezeichnete die Abhandlung als ein „Nichts". Tatsächlich jedoch verdient die 30 Druckseiten starke Schrift aus den Anfängen des 17. Jahrhunderts in zweifacher Hinsicht Beachtung: Zum einen enthält sie einen Lösungsansatz für die optimale Anordnung gleich großer Kugeln, der zwar richtig, mathematisch aber nicht zu beweisen war. Erst 1998 gelang dies dem Mathematiker Thomas C. Hales, der mit der Keplerschen Vermutung zugleich eines der 23 mathematischen Jahrhundertprobleme löste.

Zum anderen bettete Kepler die Fragestellung nach der perfekten Anordnung von Kanonenkugeln in die Analyse vielfältiger Formen und Strukturen ein, die in der Natur zu beobachten sind. Er ergründete die Gestalt und den Aufbau von Pflanzensamen oder Früchten, hinterfragte deren Zweckmäßigkeit und bemühte sich um die Erstellung mathematischer Gesetzmäßigkeiten. Warum besitzen Schneekristalle ihre spezifische Struktur? Ist die Anordnung von Erbsen in der Schote die effektivste, sprich platzsparendste Variante? Warum weisen die meisten Kerne eines Granatapfels eine Rhombenform mit zwölf Flächen auf und welche Ableitungen lassen sich hieraus in Bezug auf die möglichst lückenlose Füllung eines dreidimensionalen Raums vornehmen?

Diese Fragestellungen weisen große Parallelen zu der heutigen Arbeitsweise der Bioniker auf, findet sich doch hierin die grundsätzliche Überzeugung, dass die Natur für viele technische Fragestellungen und Herausforderungen bereits Lösungsansätze aufzeigt, die vorbildlich sind und – in modifizierter Art und Weise – in technische Ent-

wicklungen einfließen können. Neben Erbsen und Granatäpfeln, in denen Kepler Vorbilder in der optimalen Raumausnutzung sah, faszinierte ihn – wie viele Naturforscher vor ihm – ein ganz besonderes Produkt der Natur, das sich nicht nur als ein höchst ästhetisches Kunstwerk präsentiert, sondern zugleich ein Beispiel für die perfekte Formgebung innerhalb der Natur ist: die Bienenwabe.

Bienen beflügeln die Fantasie der Menschen seit jeher. Während die Philosophen schon vor Jahrtausenden der Frage nachgingen, wie der „Bienenstaat" organisiert ist, konzentrierten sich Naturwissenschaftler vor allem auf die Struktur von Bienenwaben.

Auch im Innern von Wespen- und Hornissennestern findet man die Wabenstruktur vor. Anders als bei der Honigbiene werden die Wabenzellen jedoch nicht aus Wachs, sondern aus zerkautem Holz errichtet, was ihnen ein papierähnliches und damit höchst filigranes Aussehen verleiht. Dennoch weisen die Bauwerke eine erstaunliche Stabilität auf.

DIE BIENENWABE UND DIE EFFIZIENZ DES SECHSECKS

Als einer der bedeutendsten Imker des antiken Römischen Reichs gilt Marcus Terentius Varro (vermutlich 116–27 v. Chr.). In seinem Buch „De Re Rustica" („Über die Landwirtschaft") geht er auf die Architektur von Bienenwaben ein und führt die sechseckige Form der einzelnen Wabenzellen im Zusammenhang mit zwei Aspekten an: den sechs Beinen der Bienen und der Effizienz dieser Bauweise. Er beruft sich bei letzterem Punkt auf die „Mathematikverständigen" seiner Zeit, die schon damals im Sechseck den idealen Kompromiss zwischen maximalem Flächeninhalt und minimalem Materialaufwand sahen. Damit war die „Bienenwaben-Vermutung" geboren, die Johannes Kepler 1600 Jahre später bestätigte und um einige Aspekte erweiterte. Vergleicht man Kreise und Sechsecke mit gleichem Umfang miteinander, weist der Kreis zwar einen größeren Flächeninhalt auf, doch das Sechseck bietet den Bienen als Wabenstruktur gleich mehrere Vorteile: Sechsecke lassen sich lückenlos aneinanderlegen, wodurch einerseits eine höhere Stabilität erreicht wird und andererseits keine Kälte in vorhandene Zwischenräume eindringen kann. Und nicht zuletzt ermöglichen Sechsecke – so Keplers These – eine Bauweise, bei der die Bienen arbeitsteilig arbeiten können, indem Trennwände zwischen den Zellen gemeinschaftlich genutzt werden, was deutlich weniger Material- und Arbeitseinsatz mit sich bringt.

Heute, rund 500 Jahre nach Erscheinen der Schrift „Neujahrsgeschenk – oder: vom sechseckigen Schnee" und mehr als 2000 Jahre nach dem ersten Aufkommen der Bienenwaben-Vermutung, ist die Effizienz der Wabenstruktur auch mathematisch belegt. Und wieder ist es der englische Mathematiker Thomas C. Hales, der den so lange ausstehenden Beweis erbrachte und damit Varro und Kepler in ihren Vermutungen bestätigt. Einzig die Annahme, dass Bienen die Zellen von vornherein sechseckig anlegen, gilt heute als widerlegt.

Grundsätzlich dient eine Bienenwabe als Aufzuchtstation für die Brut sowie als Speicherplatz für Pollen und Honig. Wichtigstes Baumaterial ist Wachs, das die Bienen in Drüsen produzieren, die sich im Hinterleib befinden. Die etwa stecknadelkopfgroßen Wachsplättchen werden mittels der Mundwerkzeuge weich und geschmeidig gehalten und stellen damit einen gut zu verarbeitenden Baustoff dar. Da der Wabenbau in völliger Dunkelheit stattfindet, konnte man sich lange nicht erklären, wie die Bienen es überhaupt schaffen, ein komplexes Gebilde aus Sechsecken zu produzieren, das derart exakt und gleichmäßig angeordnet ist. Die entscheidende Rolle spielen hierbei die an den Gelenken befindlichen Sinnesorgane, dank derer einerseits die Schwerkraft „erfühlt" wird, an der die Waben ausgerichtet werden, andererseits die Dicke der Trennwände zwischen den Zellen ermittelt wird.

▼ *Nachfolgende Doppelseite:*
Mithilfe eigens dafür vorgesehener Drüsen produzieren Honigbienen Wachs, aus dem sie die Waben bauen. Die einzelnen Zellen werden zur Lagerung von Nahrung und als Brutzellen genutzt.

Entgegen der jahrtausendealten Ansicht, dass Bienen die sechseckigen Wabenzellen in einer imposanten „Ingenieursleistung" selbstständig anlegen, konnten neueste Forschungen zeigen, dass es sich in Wirklichkeit anders verhält: Die Insekten bauen runde beziehungsweise zylindrische Wabenzellen – und wählen damit jene geometrische Form, die das beste Verhältnis zwischen Materialeinsatz und Flächengröße aufweist. Doch während der Arbeit am „Rohbau" wärmen die Arbeiterinnen ihre Umgebung auf gut 40 Grad Celsius auf. Das Wachs wird dickflüssig, sodass jede einzelne Zelle durch den Druck der umliegenden Nachbarzellen die stabile Form des Sechsecks annimmt. Die Zellen verschmelzen miteinander, wobei die Wände in einem Winkel von 120 Grad aneinanderstoßen. Sie kühlen ab, härten aus und erhalten eine Stabilität, die geradezu beeindruckend ist: In einer Wabe von der Größe eines DIN-A4-Blatts befinden sich rund 2650 Wabenzellen, die zusammengenommen in ungefülltem Zustand rund 75 Gramm wiegen. Und doch kann eine solche Wabe, deren Trennwände Stärken von lediglich 0,07 Millimetern aufweisen, mehr als 1,5 Kilogramm Honig aufnehmen.

Vor diesem Hintergrund kann es kaum verwundern, dass die Bienenwabe seit je als eine Meisterleistung der Natur galt und hinter der beeindruckenden Bauweise ein Optimierungsverfahren vermutet wurde, bei dem mit möglichst wenig Material maximales Raumvolumen und maximale Stabilität erreicht werden. Mehr als 2000 Jahre hat es gedauert, bis die Bienenwaben-Vermutung durch Thomas C. Hales bestätigt werden konnte. Somit ist nun auch der mathematische Nachweis erbracht, dass die Bienen „alles richtig" machen, indem sie den Einsatz von Rohstoffen so gering wie möglich halten und dabei eine optimale Struktur im Sinne von Raumnutzung und Belastbarkeit erreichen. Bienen liefern uns damit die Vorlage für eine Bauform, die heute in zahlreichen technischen Bereichen zur Anwendung kommt.

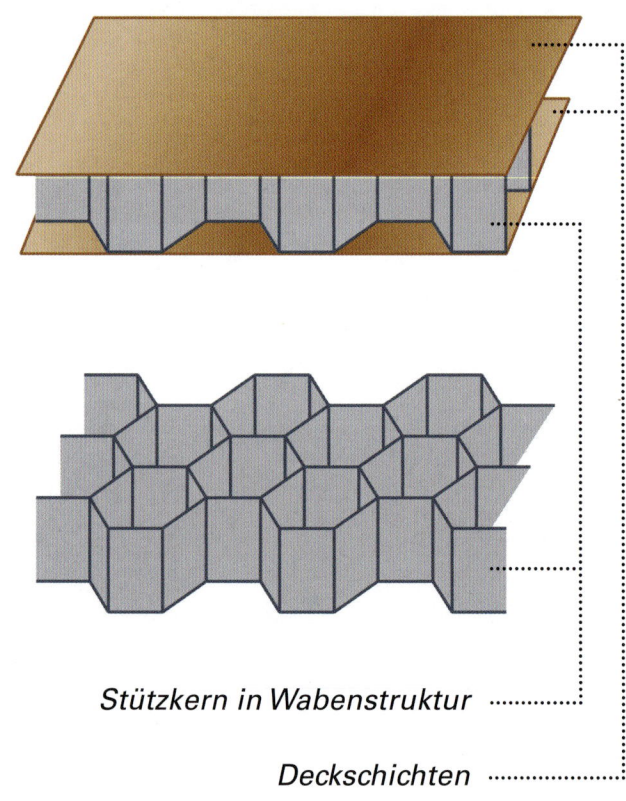

Stützkern in Wabenstruktur ....

Deckschichten ....

EINSATZBEREICHE VON WABENKERNEN

Geringes Gewicht und hohe mechanische Festigkeit – das sind die entscheidenden Vorteile von Wabenkernen, die aus verschiedenen Materialien wie Papier, Aluminium oder Polyamid hergestellt werden. Die gängigste Produktionsform von Wabenkernen ist die Sandwichbauweise, bei der zwischen zwei Deckschichten ein Stützkern in Wabenstruktur liegt. In der einfachsten Variante, die 1904 von Dagobert Budwig zum Patent angemeldet wurde, bestehen Wabenplatten aus Papier beziehungsweise Pappe. Die Produktion ist kostengünstig, energiesparend und umweltfreundlich. Die Platten selbst lassen sich einfach zuschneiden, sind extrem leicht und erreichen doch höchste Stabilität und Belastbarkeit: So kann eine 10 mal 10 Zentimeter kleine Platte mit einer geringen Zellweite eine Belastung von rund 450 Kilogramm tragen.

Es liegt auf der Hand, dass sich diese Wabenplatten ideal für den bruchsicheren Transport von Gegenständen oder das Trennen gestapelter Waren mit hohem Gewicht eignen. Doch dies ist nur der Anfang einer ausführlichen Liste an Einsatzmöglichkeiten. Schon lange werden Wabenplatten bei der Herstel-

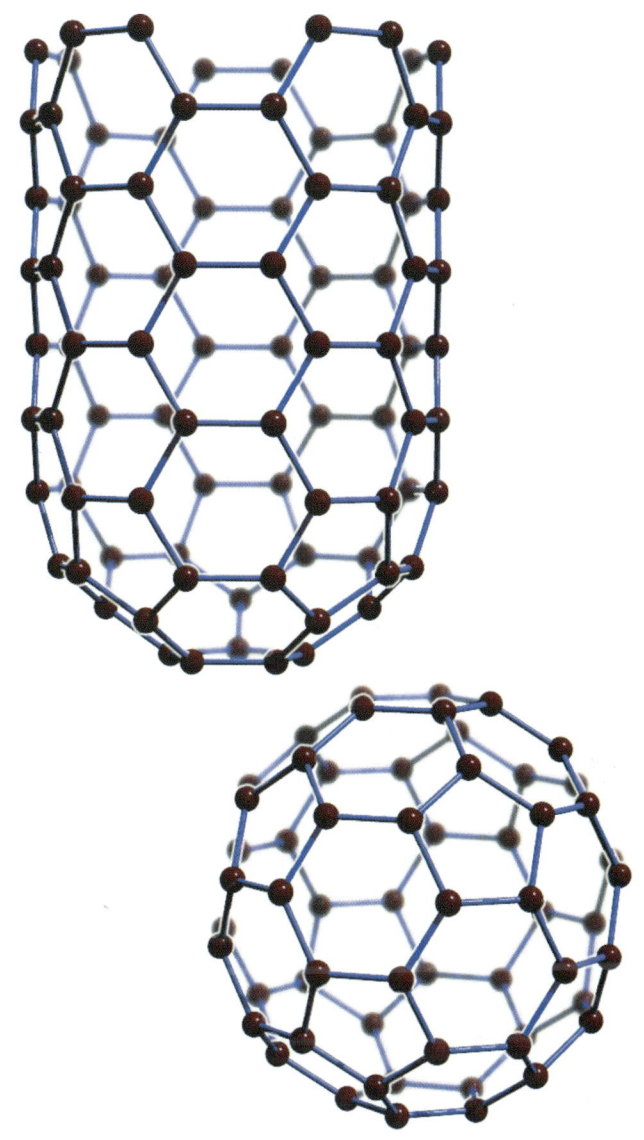

▲ *Maximale Stabilität und maximales Raumvolumen bei minimalem Materialeinsatz – mit diesem Bauprinzip ist die Wabenzelle ein Musterbeispiel des effizienten Bauens.*

lung von Türen oder Trennwänden, beim Messe- oder Bühnenbau eingesetzt. Seit den 1980er-Jahren finden immer mehr Leichtbauplatten mit Wabenstruktur in der Holzverarbeitungs- und Möbelindustrie Verwendung. Damit wird ebenso dem wachsenden Bedürfnis von Kunden entsprochen, die ihre vormontierten Möbel heute gerne in großen Möbelhäusern kaufen, selbst transportieren und selbst zusammenbauen. Das Gewicht der Holzmöbel spielt bei dieser Art des Einkaufens eine entscheidende Rolle. Doch auch auf Seiten der Möbelhersteller und -verkäufer sind die Vorteile offensichtlich: Einsparung von Ressourcen, Reduktion von Gewicht und damit Energie- und Kosteneinsparung im Transport sowie geringere Verpackungskosten.

Weitere wichtige Einsatzgebiete von Wabenstrukturen und anderen Leichtbauweisen liegen im Verkehrs- und Transportwesen und in der Architektur: Der Bau moderner Schiffe und Yachten wäre ohne Wabenkerne und Sandwich-Paneele nicht denkbar, kann das Gewicht von Trennwänden, Böden, Decken und Inneneinrichtungen auf diese Weise erheblich gesenkt werden. Selbstverständlich greifen auch Flugzeugingenieure, die bei der Konstruktion von Fracht- und Personenmaschinen jede Gewichtseinsparungsmöglichkeit in Betracht ziehen, um den Treibstoffverbrauch so gering wie möglich zu halten und die generelle Flugfähigkeit zu gewährleisten, auf Leichtbauelemente mit Wabenkernen zurück. Leitwerke, Böden und Abtrennungen, Container, Treibstofftanks – überall kommen Wabenkerne aus verschiedenen Materialien zum Einsatz.

Im Bereich der Architektur gibt es mittlerweile unendlich viele Beispiele für den Einsatz von wabenförmigen Bauelementen. Eine der atemberaubendsten Konstruktionen ist sicherlich das Terminal 3 des Shenzhen International Airport in China. Die 1,6 Kilometer lange und 300 000 Quadratmeter große, organisch geformte Einheit aus Fassade und Dach weist eine doppelwandige Hülle im Wabenmuster auf. Durch die sechseckigen Fenster kann Tageslicht optimal in das Innere des Baus geleitet werden, zudem sorgen individuell steuerbare Fenster und Paneele für eine energieeffiziente Belüftung und Temperierung des Baus.

◀ *Die Wabenstruktur dominiert das Innere wie Äußere des Terminals 3 des Shenzhen International Airport in China.*

2011 sorgte die Fertigstellung eines weiteren „Wabenbaus" für Aufsehen: Für seine umfangreiche Kunstsammlung ließ der Milliardär Carlos Slim in seiner Heimatstadt Mexiko das Museo Soumaya errichten. Mehr als 16 000 Aluminiumplatten in Wabenform wurden zu einem glänzenden sechsstöckigen Prachtbau verlegt, dessen gekrümmte Form an den gewaltigen Bug eines Schiffes erinnert. Als Vorbild für bionische Bauweise dient das Museum indes nicht: Die wabenförmigen Paneele werden lediglich als Verkleidung einer Trägerkonstruktion aus Stahl und Beton genutzt. Zudem lässt die höchst energieintensive Herstellung von Aluminium keine Analogien zur material- und energieeffizienten Bauweise der Bienen zu.

Eine ganz andere Formgebung und Ästhetik strahlen hingegen die derzeit größten Gewächshäuser der Welt aus. Sie befinden sich im englischen Cornwall und gehören zu dem botanischen Garten mit dem programmatischen Namen „Eden Project", der mehr als 100 000 Pflanzen umfasst und sich besonders um die Nachzucht zahlreicher vom Aussterben bedrohter Nutzpflanzen bemüht. Die gewaltigen Kuppeln in Wabenstruktur sind nur eines von vielen Beispielen sogenannter geodätischer Kuppeln (s. Kapitel Architektur), durch die der Architekt Richard Buckminster

Fuller berühmt wurde und bei denen die Wabenstruktur oft eine zentrale Rolle spielt.

Angesichts der Fülle an Einsatzmöglichkeiten gilt die Bienenwabe heute zu Recht als einer der Klassiker der Bionik. Indem Forschungs- und Entwicklungsinstitute auf die Wabenstruktur zur Anfertigung von Leichtbauteilen zurückgreifen, wird damit die beeindruckende „Ingenieurleistung" der Bienen honoriert, die Naturforscher seit Jahrtausenden begeistert. Gleichwohl ist die Biene nicht das einzige Tier, das im Bereich der Formgebung und des Designs Vorbildcharakter hat. Die Entwicklung der Flug- und Raumfahrttechnik hätte ohne lebende Vorbilder wohl eine ganz andere Entwicklung genommen.

▶ Wie ein glänzender Schiffsbug, geformt aus Tausenden Wabenzellen, erhebt sich das Museo Soumaya in Mexiko gen Himmel. Anders als in der Natur liegt der Entscheidung für wabenförmige Paneele eine rein ästhetische Komponente zugrunde und nicht das Streben nach Materialeffizienz.

Die gewaltige Kuppeln des Eden Project im britischen Cornwall sind nur ein Beispiel geodätischer Kuppeln, die auf den US-amerikanischen Architekten und Visionär Richard Buckminster Fuller zurückgehen.

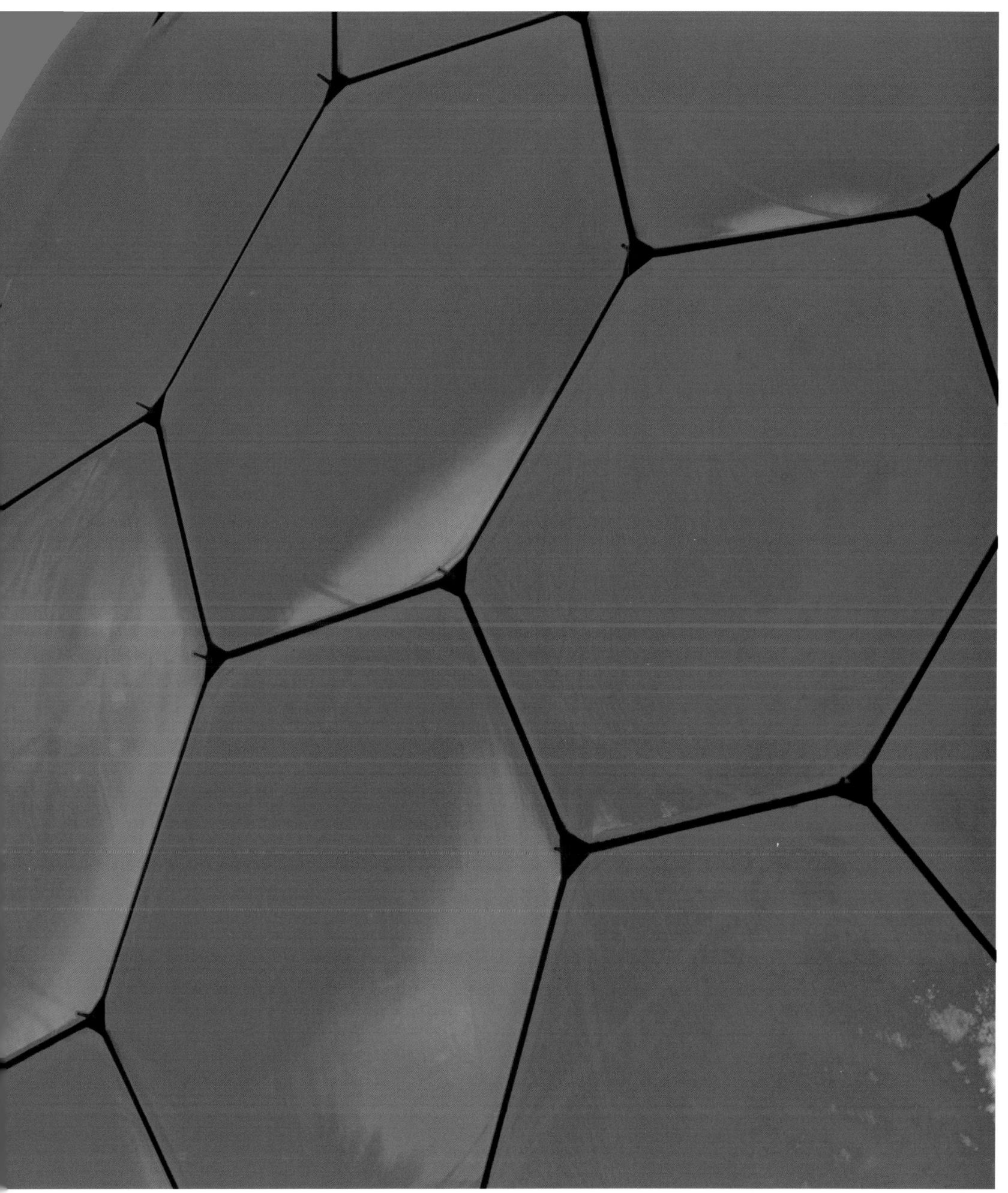

VON PFLANZEN UND VÖGELN LERNEN –
DIE KONSTRUKTION VON FLUGZEUGEN

Ovids Sage von Daidalos und Ikarus zählt zu einer der berühmtesten Mythologien der antiken Welt – kein Wunder, finden sich in der tragischen Geschichte vom Tod des jungen Ikarus doch gleichermaßen Sehnsüchte und Ur-Ängste vereint: der Traum vom Fliegen und die Angst vor dem Sturz.

Wenn Daidalos für sich und seinen Sohn Flügel anfertigt, um Minos und der Gefangenschaft im Kerker auf Kreta zu entgehen, richtet er, so Ovid, „seine Sinne auf unbekannte Künste und schafft die Natur neu", indem er „echte Vögel nachahmt".

Nichts anderes unternahm zu Beginn des 16. Jahrhunderts Leonardo da Vinci (1452–1519)

„WENN DU DAS FLIEGEN EINMAL ERLEBT HAST, WIRST DU FÜR IMMER AUF ERDEN WANDELN, MIT DEINEN AUGEN HIMMELWÄRTS GERICHTET. DENN DORT BIST DU GEWESEN UND DORT WIRD ES DICH IMMER WIEDER HINZIEHEN."

Leonardo da Vinci

in der realen Welt. 1505 verfasste er den „Kodex über den Vogelflug", in welchem er seine Beobachtungen des Vogelflugs zusammenfasste und daraus Pläne und Entwürfe für die Konstruktion von Flugmaschinen entwickelte. In seinen Notizbüchern findet sich der Vermerk: „Du siehst, dass der Flügelschlag gegen die Luft den schweren Adler in der höchsten und dünnsten Luft hält (...). Und du siehst, wie die Luft sich über dem Meer bewegt, geschwellte Segel füllt und schwer beladene Schiffe antreibt. (...) Aus diesen Gründen wird ein Mensch lernen, mit Flügeln, groß genug und richtig angeordnet, den Widerstand der Luft zu überwinden, ihn bezwingen und unterwerfen und sich somit in die Luft erheben." (Übersetzt aus „The Notebooks of Leonardo da Vinci", Vol. 2, 1126, Projekt Gutenberg)

▲ *Die Natur hat eine ganze Reihe von ausgeklügelten Methoden entwickelt, mit denen Pflanzen ihren Samen möglichst breit verstreuen und so ihre Arterhaltung sicherstellen können. Viele setzen auf Insekten als fliegende Boten für ihre Samen, andere übernehmen diese überlebensnotwendige Fortbewegung lieber selbst.*

Bewegungsabfolge eines
Steinkauzes (Athene noctua)
im Flug.

Auf der Grundlage seiner Naturbeobachtungen entwickelte da Vinci zunächst in Skizzenform sogenannte Ornithopter, bei denen er nicht den Gleitflug, sondern das Prinzip des Flügelschlags umsetzte. Verglichen mit einem Modell mit starren Flügeln wählte er damit die effizientere Flugform, können doch Schlagflügelobjekte einen theoretischen Wirkungsgrad von mehr als 80 Prozent erreichen, das heißt ein Großteil der für den Flügelschlag aufgebrachten Energie wird in Auf- und Vortrieb umgesetzt, während Fluggeräte mit starren Flügeln nur einen Wirkungsgrad von 40 Prozent erreichen.

Im Praxistest jedoch fielen alle Schlagflügelgeräte da Vincis durch. Die Muskelkraft der Piloten reicht einfach nicht aus, um die mitunter riesigen fledermausartigen Flügel samt menschlichem Gewicht in die Luft zu heben und dort zu halten. Doch trotz des auch materialbedingten Scheiterns des Projekts darf Leonardo da Vinci ohne jeden Zweifel als einer der Urväter der Bionik bezeichnet werden. Die Natur zum Vorbild genommen und Erkenntnisse der Naturforschung in die Technik eingebracht zu haben – das ist bis heute eine der herausragendsten Leistungen des Universalgenies.

OTTO LILIENTHAL UND DIE ENTDECKUNG DES AUFTRIEBS

Dasselbe Verdienst kommt Otto Lilienthal (1848–1896) zu. 400 Jahre nach Leonardo da Vinci studierte Lilienthal den Flug und die Flügel von Störchen und Möwen, um zu ergründen, auf welche Weise sich Objekte, die schwerer sind als Luft, über dem Boden halten können. Zu dieser Zeit war die Entwicklung von Heißluftballons und Luftschiffen bereits in vollem Gange, denn die überwiegende Mehrheit der Flugingenieure war davon überzeugt, dass hierin die Zukunft der Luftfahrt läge. Treibgase (Wasserstoff, später Helium) mit

▶ *Fliegen wie ein Vogel: Leonarda da Vinci (1492–1519) war einer der Ersten, der sich dem Traum vom Fliegen wissenschaftlich näherte. Er studierte das Flugverhalten der Vögel und entwarf auf dieser Grundlage die unterschiedlichsten Fluggeräte.*

einer geringeren Dichte als Luft ließen die Flugobjekte zuverlässig – und physikalisch erklärbar – gen Himmel steigen, doch niemand konnte flugfähige Apparaturen nach dem Prinzip von Vögeln bauen. Die Naturwissenschaft blieb die Antwort auf die Frage, warum Vögel aufgrund ihres Eigengewichts nicht zu Boden stürzen, lange schuldig.

Indem er sich unermüdlich dem Flug der Vögel widmete und Messapparaturen konstruierte, gelangte Otto Lilienthal schließlich zu einer der wichtigsten Erkenntnisse der Aerodynamik, die er 1889 in dem Werk „Der Vogelflug als Grundlage der Fliegekunst" darlegte: das Prinzip des Auftriebs. Vereinfacht ausgedrückt verhält es sich wie folgt: Trifft ein Luftstrom auf den gewölbten Flügel eines Vogels oder die Tragfläche eines Flugzeugs, so kommt es zu einer zirkulatorischen Umströmung dergestalt, dass auf der Oberseite des Flügels/der Tragfläche eine höhere Strömungsgeschwindigkeit vorliegt als auf der Unterseite. Da die Strömungsgeschwindigkeit wiederum mit dem Luftdruck korreliert – je höher die Geschwindigkeit, desto niedriger der Luftdruck –, entsteht oberhalb des Flügels ein Unterdruck und damit ein Sog, der etwa zwei Drittel des dynamischen Auftriebs ausmacht. Unterhalb der Fläche wiederum entsteht durch die geringere Strömungsgeschwindigkeit ein Überdruck, der den Flügel oder die Tragfläche nach oben drückt.

Zwei Jahre nach Veröffentlichung seiner Theorie zum Auftrieb entstand der sogenannte Derwitzer Apparat – ein Fluggerät mit einer Spannweite von 7 Metern, das im brandenburgischen Derwitz erstmals zum Einsatz kam. Obgleich allein die Konstruktion 18 Kilogramm Gewicht auf die Waage brachte, gelang es Lilienthal nach einem Sprung von einem Hügel aus, 25 Meter durch die Luft zu gleiten. Auf diesen Tag, an dem – wie der zeitgenössische französische

Die Flügel eines Vogels sind eine hoch komplexe Entwicklungsleistung der Evolution und die Fortbewegung durch Flügelschlag hat Menschen seit je fasziniert und zur Nachahmung angeregt. Bereits Otto Lilienthal (1848-1896) hatte erkannt, dass der Form der Flügel eine wichtige Bedeutung zukommt. Er entdeckte, dass eine gewölbte Tragfläche einen größeren Auftrieb ermöglichte als eine ebene, und gestaltete seine Gleitflieger exakten Messungen entsprechend.

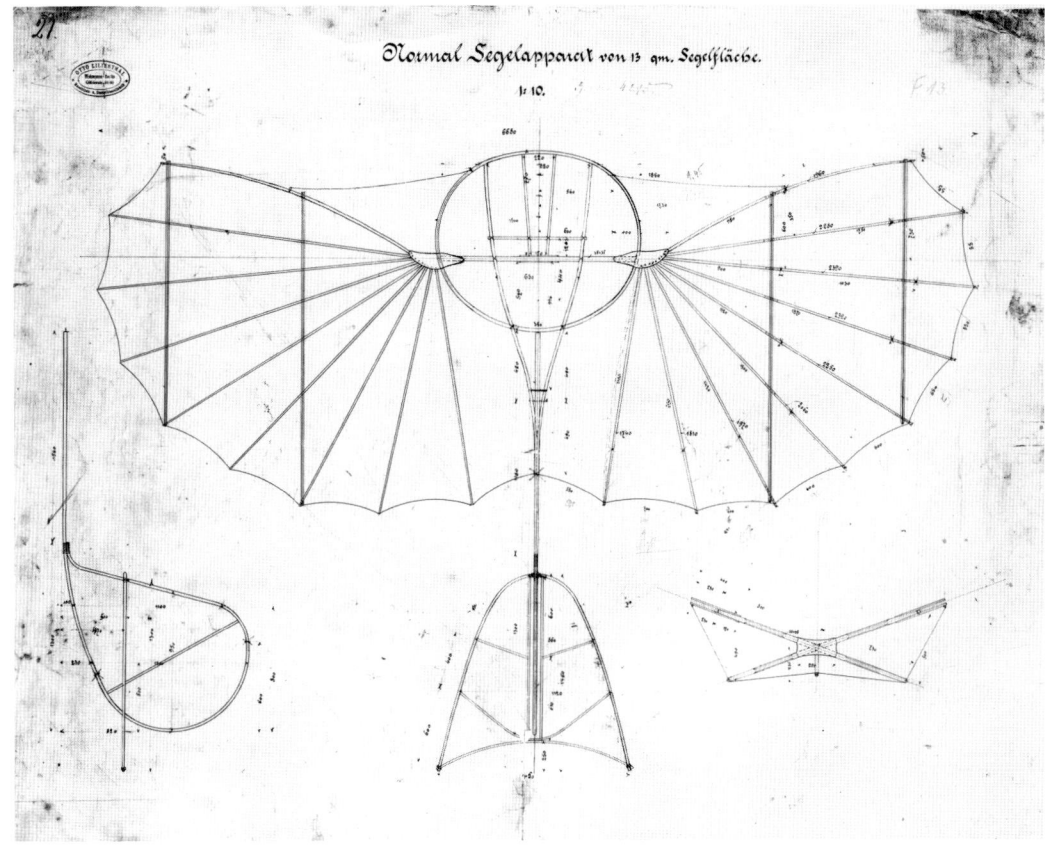

Normal Segelapparat von 13 qm. Segelfläche.

1:10.

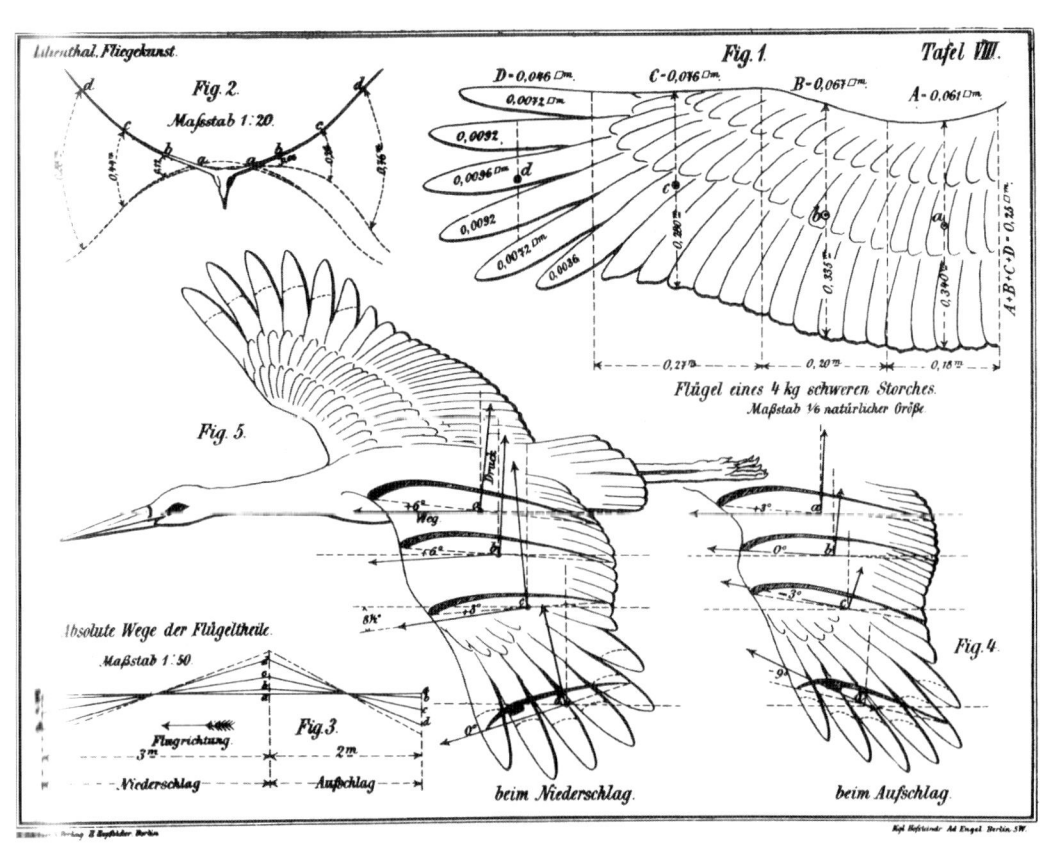

Lilienthal. Fliegekunst.

Fig. 1   Tafel VIII.

Fig. 2
Maßstab 1:20.

D = 0,046 □m.   C = 0,046 □m.   B = 0,061 □m.   A = 0,061 □m.

Flügel eines 4 kg schweren Storches.
Maßstab ¼ natürlicher Größe.

Fig. 5.

Absolute Wege der Flügeltheile.
Maßstab 1:50.

Flugrichtung.

Fig. 3.

Niederschlag.   Aufschlag.

beim Niederschlag.   beim Aufschlag.

Fig. 4.

▲ Otto Lilienthal (rechts) gelangen als erstem Menschen erfolgreiche und wiederholbare Gleitflüge, ab 1893 mit Flugweiten von bis zu 250 Metern. Er war zudem der Erste, der zu der Erkenntnis gelangte, dass Auftrieb und Vortrieb unabhängig voneinander betrachtet werden müssen. Lilienthal unternahm insgesamt gut 2000 Flugversuche; links zu sehen bei einem seiner letzten Flüge.

Flugingenieur Ferdinand Ferber kommentierte – „die Menschheit das Fliegen erlernte", folgten Hunderte und Tausende Gleitflüge mit Längen von über 250 Metern, ehe sich Otto Lilienthal 1896 bei einem Absturz so schwer verletzte, dass er wenige Tage darauf verstarb. Die Bedeutung dieser ersten wiederholbaren und erfolgreichen Gleitflüge mit dem personentragenden Flugzeug kann man daran ermessen, dass unzählige der Flugaktionen fotografisch dokumentiert sind – eine Technik, die zu diesem Zeitpunkt ebenso ihre Geburtsstunde erlebte.

Spekulationen auf der Grundlage von Naturbeobachtungen und durch unermüdliches Experimentieren zu Wissen gemacht zu haben – dieses Verdienst Otto Lilienthals haben die Gebrüder Wright, die sich 1903 mit dem ersten erfolgreichen motorisierten Flug ein Denkmal im Bereich der Luftfahrt setzten, stets betont. In der Konstruktion ihrer Flugzeuge, in der Frage, wie die Tragflächen konstruiert sein müssen, stützten sie sich auf die Berechnungen und Erkenntnisse Lilienthals und bereinigten sie um Fehler.

GESPREIZTE FEDERN – DIE ENTWICKLUNG VON WINGLETS

Wenn heute an der Entwicklung neuer Flugzeugtypen gearbeitet wird, ist die Formgebung der Tragflächen von kaum geringerer Bedeutung als zu Zeiten Otto Lilienthals. Maschinen wie der Airbus A380, der über 850 Passagiere befördern kann und Spannweiten von 80 Metern aufweist, starten mit einem Gewicht von 560 000 Kilogramm. Angesichts dieser Dimensionen liegt es auf der Hand, dass jegliche baulichen Maßnahmen in Betracht gezogen werden, die in der Lage sind, Gewicht und Treibstoff einzusparen. Und auch hier dient die Natur als Vorbild. Leonardo da Vinci gab bereits vor über 500 Jahren einen entscheidenden Impuls, als er beobachtete, dass Vögel während des Flugs durch Spreizen und Anlegen der Federn eine Formveränderung der Flügel vornehmen, was er folgerichtig in Zusammenhang mit Luftwirbeln und Luftströmungen brachte. 1897 meldete der britische Ingenieur Frederick Lanchester (1868–1946) ein Patent auf Tragflächenanbauten an, die später als sogenannte Winglets in die Flugzeugtechnik Einzug hielten. Seine

Theorien über die Auftriebskräfte, die der Entwicklung des Winglets-Patents vorausgingen, veröffentlichte er 1907 in einer Schrift, dessen wissenschaftliche Anerkennung Lanchester selbst jedoch nicht mehr erlebte.

Winglets sind die technische Antwort auf zwei Probleme, mit denen sich die Luftfahrt auseinandersetzen muss und die als induzierter Widerstand und Wirbelschleppen bezeichnet werden. Wie beschrieben, erzeugt die zirkulatorische Umströmung einen Unterdruck, also Sog, oberhalb der Tragflächen und einen Überdruck unterhalb der Tragflächen. An den Flügelenden findet ein Druckausgleich statt, indem die Luft aus dem Bereich des höheren Drucks in den Bereich mit dem niedrigeren Druck strömt. Auf diese Weise entsteht ein

Wirbel, der mit einem enorm hohen Treibstoffverbrauch „bezahlt" werden muss, denn in der Start- und Landephase nimmt der induzierte Widerstand einen Anteil von rund 50 Prozent am Gesamtwiderstand ein. Während des eigentlichen Reiseflugs sind es immerhin noch etwa 30 Prozent.

Neben den vor allem kostenintensiven Folgen sorgen Ausgleichsströmungen im Bereich der Tragflächen zudem für ein ernst zu nehmendes Sicherheitsproblem. Hinter den Tragflächen rollen sich die Wirbelschichten zu zwei entgegengesetzt rotierenden Wirbeln zusammen, die mitunter kilometerweit in die Länge gezogen werden, was sich insbesondere im Bereich der Start- und Landebahnen dramatisch auswirken kann. Da die Intensität dieser Wirbelschleppen mit der Masse und der Größe des Flugzeugs korrespondiert, ist die Gefahr von instabilen Fluglagen und Abstürzen besonders dann groß, wenn eine Maschine der Kategorie Airbus A380 oder Boeing 747 startet oder landet, dem sich eine leichte Maschine anschließt. Immer wieder geraten Piloten in gefährliche Situationen, in denen sie das Flugzeug in eine stabile Fluglage zurückbringen müssen, was nicht immer gelingt.

◀ *Die an der Spitze der Flugzeugtragflächen befindlichen Winglets sind den Flügeln von Vögeln nachempfunden. Sie reduzieren, indem sie Luftwirbel im Randbereich teilen, den induzierten Widerstand und vermindern die Gefahr von Wirbelschleppen.*

Die sich an den Spitzen der Flugzeugtragflächen befindlichen Winglets sind im Gegensatz zu den Handschwingen von Vögeln immer starr nach oben gebogen. Dadurch kann das Flugzeug die Wirbelschleppen beim Start zwar nicht völlig ausschalten, jedoch im Vergleich zu geraden Tragflächen erheblich minimieren.

Die Luftsicherheit reagiert auf die Gefahr, die von Wirbelschleppen ausgeht, mit Staffelabständen zwischen dem Start oder der Landung zweier Maschinen. Die größten Abstände müssen zwischen schweren Flugzeugen (mehr als 136 Tonnen) und leichten Flugzeugen (weniger als 7 Tonnen) eingehalten werden. Sie liegen bei 6 nautischen Meilen, was rund 11 Kilometern entspricht. Diese verpflichtenden Wartezeiten zwischen Starts oder Landungen bedeuten für die Flughäfen eine deutliche Einschränkung der maximalen Flugbewegungen – angesichts des steigenden Flugverkehrs ein nicht zu unterschätzender ökonomischer Aspekt. Um Flugsicherheit und Kapazitäten gleichermaßen zu steigern, suchen deshalb Ingenieure fieberhaft nach Lösungen zur Reduzierung von Luftwirbeln. Die Natur hält dafür längst eine Lösung parat. Bei der genauen Fluganalyse von Störchen, Adlern, Albatrossen oder anderen gleit- und segelfähigen Landvögeln kann man feststellen, dass die Tiere ihre Federn am Flügelende (Handschwingen) aufspreizen und nach oben biegen können. Auf diese Weise entstehen mehrere kleine Randwirbel, die weniger Verlustenergie mit sich bringen als ein großer Wirbel, der bei konventionellen Flugzeugtragflächen entsteht.

Es bedurfte erst der Ölkrise in den 1970er-Jahren und steigender Kerosinpreise, bis sich die Flugfahrt auf der Suche nach Einsparungspotenzialen der Idee von Winglets ernsthaft zuwandte. In der praktischen Nachahmung dieser biologischen Konstruktion gibt es jedoch bis heute Schwierigkeiten: Bislang konnte keine Tragfläche mit mehrfach aufgefächerten Flügelenden nach dem Vorbild von Störchen entwickelt werden, denn entweder halten sie den Ansprüchen an die Materialsicherheit nicht stand oder sie erzeugen einen derart hohen Reibungswiderstand, dass sich die Treibstoffersparnis, die durch Reduktion des induzierten Widerstands gewonnen wird, auf diese Weise wieder aufhebt.

Der heute gängige und tausendfach eingesetzte Kompromiss zwischen natürlichem Vorbild und technischer Umsetzbarkeit besteht in Form passiver Winglets. Anfang der 1970er-Jahre forschte Richard T. Whitcomb im Auftrag der NASA und konnte überzeugend darlegen, dass die Vorteile von Flügelergänzungen überwiegen, sofern man sie möglichst genau an die Einsatzbereiche und die Aerodynamik der jeweiligen Flugzeuge anpasst. Randwirbel werden aufgespalten, verlagern sich und treten in kleinerer Dimension an der Spitze des Winglets auf, wodurch zugleich die Intensität von Wirbelschleppen geschwächt wird. Die Tests im Windkanal waren derart überzeugend, dass Boeing- und Airbus-Modelle nachträglich mit Winglets unterschiedlicher Formen ausgerüstet wurden. Bei der Boeing 737 sind dies beispielsweise 2,40 Meter hoch aufragende Flügelspitzen, dank derer eine Treibstoffeinsparung von 3 bis 5 Prozent erreicht werden kann, bei kleineren Airbus-Modellen finden sich sogenannte Wingtip Fences, die nach oben und unten ausgerichtet sind. Pro Maschine können auf diese Weise mehrere hunderttausend Kilogramm Kerosin pro Jahr eingespart werden.

▲ *Das Modell einer Concorde im Windkanal zeigt die enormen Verwirbelungen, die an den Tragflächen entstehen.*

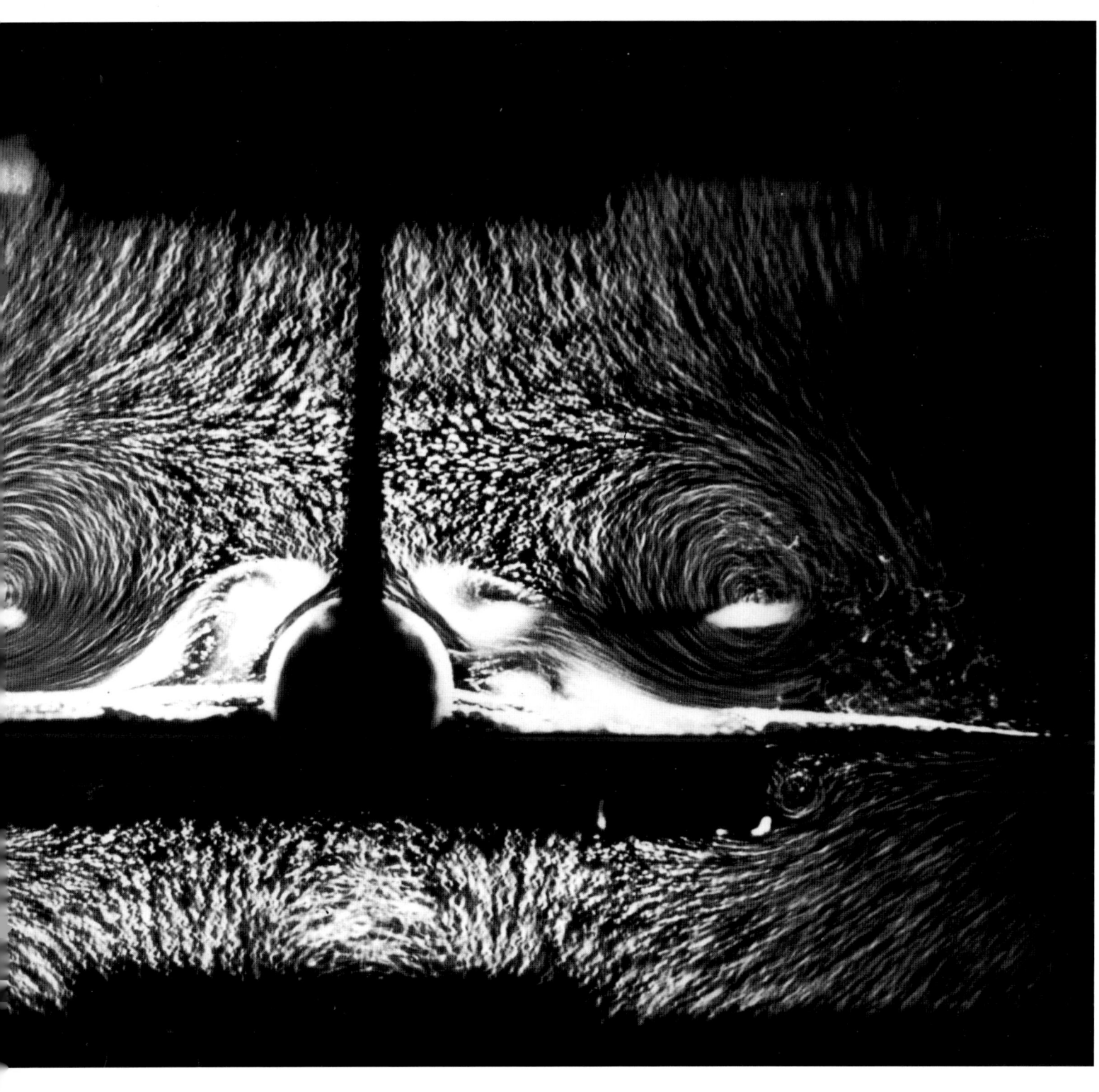

RÜCKSTROMKLAPPEN NACH DEM VORBILD VON DECKFEDERN

Vögel besitzen neben ihren Schwung- und Schwanzfedern sowie wärmenden Daunen sogenannte Deckfedern. Mit ihrer dachziegelartigen Anordnung bedecken diese die längeren Schwung- und Schwanzfedern als eine dichte, geschlossene Fläche, die den Vögeln einen isolierenden Schutz bietet. Doch dies ist nicht die einzige Funktion: Deckfedern fungieren als Rückstrombremsen und ermöglichen den Vögeln Flugmanöver, die im Bereich der Luftfahrt undenkbar sind. Der Grund liegt in einem Vorgang, der als Strömungsabriss bezeichnet wird.

Die Quantität des zum Fliegen benötigten Auftriebs im Bereich der Tragflächen hängt entscheidend von dem sogenannten Anstellwinkel ab. Dieser beschreibt den Winkel, der zwischen der Richtung der anströmenden Luft und dem Flügelprofil liegt. Ein Wert von 0 Grad liegt vor, wenn die Luft frontal auf die Vorderkante trifft, um von hier aus die Tragfläche oben schneller und unten langsamer zu umströmen, wodurch Auftrieb erzeugt wird. Vergrößert sich der Winkel, erhöht sich der Auftrieb zunächst. Erreicht er jedoch einen Wert jenseits von 15 Grad, kehrt sich diese

Dynamik um: Im vorderen Drittel der Tragflächenoberseite entsteht ein enormer Unterdruck, während im hinteren Bereich der Druck zunimmt. Zudem sorgt Reibungswiderstand in der Grenzschicht, also im unmittelbaren Bereich des Oberflächenprofils der Tragflächen, dafür, dass Bewegungsenergie zugunsten von Wärmeenergie verloren geht. Die Luft umströmt die Tragflächen nicht mehr in gewohnter Weise, das heißt, sie folgt nicht mehr dem Verlauf des Profils. Die für den Auf- und Vortrieb maßgeblichen Luftströme lösen sich unter Wirbelbildung auf, kommen gewissermaßen zum Stillstand, oder fließen gar zurück. Die unmittelbaren Folgen dieses Strömungsabrisses sind eine drastische Erhöhung des Widerstands und eine gefährliche Verringerung des Auftriebs, die im schlimmsten Fall in dessen völligem Zusammenbruch münden kann.

Noch immer ist das Überschreiten des kritischen Anstellwinkels eine der Hauptursachen

Die tragenden Strukturen des Gefieders
von Vogeln sind zum Fliegen perfekt
angeordnet, wobei jede Feder eine
unverzichtbare Rolle spielt.

für Flugzeugabstürze, so vermutlich auch im Fall der AirAsia QZ8501, die am 28. Dezember 2014 spurlos verschwand. Anhand von Radardaten konnte man eine enorm hohe Steigrate der Maschine feststellen, die aller Wahrscheinlichkeit zum Strömungsabriss und – vermutlich in Kombination mit falschen Reaktionen des Piloten – zum Absturz der Maschine mit 162 Personen an Bord führte.

Die Natur begegnet der Gefahr eines Strömungsabrisses mit einer ebenso einfachen wie genialen Erfindung: den Deckfedern. Wenn Vögel während des Flugs ihre Flügel aufrichten und damit einen extremen Anstellwinkel erzeugen, heben sich bei rückströmender Luft die elastischen Spitzen der Deckfedern an und verhindern damit, dass es zu einem Strömungsabriss kommt.

Die Funktion der Deckfedern als natürliche Rückstrombremsen interpretierte der Flugaerodynamiker Wolfgang Liebe in den 1930er-Jahren folgerichtig, nachdem er Flugmanöver von Alpendohlen im Bereich steiler Berghänge beobachtet hatte. Zur Bestätigung seiner Vermutung fanden 1939 Testflüge mit einem Jagdflugzeug vom Typ Messerschmitt statt, bei dem auf der Mitte des rechten Tragflügels ein 12 mal 15 Zentimeter großer Lederlappen installiert wurde, der die Funktion einer Rückstromtasche

übernahm. Und tatsächlich reagierte das Flugzeug auf kritische Anstellwinkel mit Rollbewegungen (das Flugzeug „kippt" entlang der Längsachse von einer Seite zur anderen), die den Beweis für eine Auftriebserhöhung auf der präparierten Tragflächenseite erbrachten.

Doch wie so oft im Bereich der Bionik lag die eigentliche Herausforderung in der Umsetzung des genialen Naturprinzips, ohne dass andere Bereiche nachteilig beeinflusst wurden. 1984 testete man drehbare Rückstromklappen aus leichtem Kunststoff an einem Segelflugzeug. Bei extremen Anstellwinkeln führte dies zwar zu stabileren Lagen, doch die allgemeine Steuerung war nicht zufriedenstellend, sodass die Idee einer „natürlichen" Rückstromklappe weiterentwickelt werden musste. Es folgten aufwändige Testphasen in Windkanälen – an Vogelfedern als natürlichem Vorbild sowie an künstlichen Nachbauten. Erst auf diese Weise konnten entscheidende Details in der Beschaffenheit und Anordnung von Vogelfedern erkannt werden: Die Federspulen – das untere Ende des Schafts – sind gelenkig in die Haut beziehungsweise Muskulatur eingelagert, sodass ein Überschlagen der Deckfedern nach hinten verhindert wird. Die äußerst weichen und flexiblen Spitzen der Federn reagieren auf Druckunterschiede und dienen als Auslöser für das eigentliche Aufrichten der Deckfedern.

Nicht zuletzt sind die Federn so konzipiert, dass es Zonen mit unterschiedlicher Luftdurchlässigkeit gibt. So kann ein zu frühes Abheben der Deckfedern verhindert werden, indem Druckunterschiede zwischen der Ober- und Unterseite ausgeglichen werden.

Inzwischen wurden viele verschiedene Rückstromklappen in Windkanälen und in Freiflugversuchen getestet. Dabei konnten nicht nur Modelle gefunden werden, die sich bei beginnender Ablösung zuverlässig öffnen und auch zuverlässig wieder schließen, sondern auch zu einer Auftriebssteigerung führen, die bei maximal 23 Prozent liegt. Bislang ist keines dieser Modelle zur Serienreife gelangt, doch die bisherigen Erkenntnisse könnten bei der Optimierung von Tragflächen – insbesondere der von Sport- und Segelflugzeugen – eine entscheidende Rolle spielen.

▼ *Indem Vögel ihre Deckfedern aufrichten und Rückstromtaschen bilden, wie hier am linken Flügel eines Marabus zu sehen, beeinflussen sie die Rückströmung und verhindern so den plötzlichen Zusammenbruch des Auftriebs.*

Die Form- und Funktionsvielfalt des Gefieders von Eulen macht die Vögel zu wahren Flugakrobaten.

▶ *Die Samen der im südost-asiatischen Raum beheimateten Kletterpflanze Zanonia beste-chen durch außergewöhnlich gute Flugeigenschaften. Ihre Flugbahn ist absolut stabil und wird nicht einmal durch Wind-stöße aus dem Gleichgewicht gebracht. Sie standen Pate bei der Entwicklung sogenannter Nurflügler.*

VON PFLANZENSAMEN ZU FALLSCHIRMEN UND GLEITSEGLERN

Den Vogelflug zur Grundlage der Entwicklung von Fluggeräten zu machen ist gewiss naheliegend. Doch Naturforscher erkannten bereits früh, dass sich auch ein Blick in den Bereich der Meteorochorie, der Lehre von der Ausbreitung von Pflanzensamen über den Wind, lohnen könnte. So studierte beispielsweise der Engländer Sir George Cayley (1773–1857) eingehend den Aufbau und das passive, vom Wind gesteuerte Flugverhalten von Schirmchen- beziehungsweise Haarfliegerfrüchten, zu denen unter anderem Wiesenbocksbart und Löwenzahn („Pusteblume") zählen. Jede einzelne Frucht der Korbblütler weist einen schirmähnlichen Flug-apparat aus feinsten Härchen auf, Pappus genannt. Dank des tief liegenden Schwerpunktes sowie der gewölbten und gespreizten Härchen gelangt der Pflanzensamen nach stärkeren Böen immer wieder in eine Ruhiglage und weist somit ein vergleichsweise stabiles Flugverhalten auf. Cayley machte sich diese Erkenntnisse zunutze und entwickelte einen Fallschirm, der gegenüber

seinem natürlichen Vorbild gewisse Modifikationen aufweist, um funktionstüchtig zu sein: Wo bei der Pflanze nur eine Verbindung zwischen Tragfläche und Samen existiert, zeigen sich beim Fluggerät mehrere Verbindungen. Zudem sind die gespreizten Pappus-Härchen zugunsten einer geschlossenen Tuchfläche verändert, deren Außenränder jedoch wie bei Schirmchenfliegern nach oben gezogen werden.

Mehr als ein halbes Jahrhundert verging – Otto Lilienthal begeisterte zu diesem Zeitpunkt bereits als Flugpionier die Welt –, bis erneut eine fliegende Pflanzenfrucht zum Vorbild für eine technische Entwicklung nach den Prinzipien der Bionik wurde. Der in Hamburg tätige Zoologe und Physiker Friedrich Ahlborn (1858–1937) studierte wie viele andere luftfahrtinteressierte Forscher den Vogelflug unter physikalischen Gesichtspunkten und veröffentlichte dazu 1897 eine Schrift mit dem Titel „Zur Mechanik des Vogelflugs". Diese enthält zudem Beschreibungen einer besonderen Pflanze, die in den tropischen Gebieten Südostasiens beheimatet ist. Es handelt sich um das Kürbisgewächs *Alsomitra macrocarpa*, bekannt als Zanonia. Auch hier erfolgt die Verbreitung der Samen über den Wind, doch anders als Pusteblumen oder Wiesenbocksbart verfügt die Pflanze nicht über einen Gleitschirm aus feinen Härchen, sondern über äußerst filigrane Flughäutchen von 10 bis 12 Zentimeter Spannweite. Ahlborn ließ seinen theoretischen Erkenntnissen keine praktischen Umsetzungsversuche folgen, und so nutzte Igo Etrich (1879–1967), Leiter der Hydrodynamischen Versuchsanstalt in Berlin, die Informationen über die Flugeigenschaft der tropischen Kürbisgewächssamen für seine Flugzeugentwürfe. Er konstruierte den ersten Nurflügel-Gleiter, bei dem der Rumpf in die Tragflächen integriert ist, und ließ die Flügelform, die der Kürbisfrucht als natürlichem Vorbild auf überraschende Weise ähnelt, im Jahr 1905 patentieren. Ein Jahr später wurde der erste erfolgreiche bemannte Flug mit einem der Gleitflugapparate gefeiert, drei weitere Jahre darauf fand die Weiterentwicklung zu einem Motorflugzeug statt, bei dem das Nurflügel-Prinzip allerdings zugunsten einer Konstruktion mit Rumpf und Leitwerk aufgegeben wurde. Ausgestattet mit einem 60-PS-Motor aus dem Hause Ferdinand Porsche, ging die „Etrich Taube" in die Geschichte ein. Da Etrich für den deutschen Markt kein Patent erhielt, dauerte es nicht lange, bis sich zahlreiche Flugingenieure der Konstruktionsart bedienten, diese verbesserten oder abwandelten, sodass die „Taube" zu einem der meistverkauften Flugzeugtypen seiner Zeit wurde.

ZUKUNFTSWEISENDER AUTOMOBILBAU MITHILFE DER NATUR

Nicht nur die Luftfahrt, sondern ebenso die Automobil-branche sucht für ihre Fahrzeuge nach technischen Lösungen, mit denen Materialkosten, Treibstoffver-brauch und Emissionswerte gesenkt werden können.

Angesichts des Wirtschaftsfaktors und des Konkurrenzdrucks inner-halb der Automobilindustrie kann es nicht verwundern, dass hier die Suche nach bionischen Potenzialen besonders fieberhaft ausfällt. Bei der Entwicklung zukunftsorientierter Modelle werden insbeson-dere folgende technische Lösungen verfolgt, bei denen die Natur Pate stand: Leichtbauweise, Oberflächenoptimierung, wie sie zum Beispiel durch die Beschichtung mit Haifischhaut erreicht werden kann (s. Kapitel Materialien), und Gestaltoptimierung.

Automobilhersteller sehen sich mit dem Problem konfrontiert, dass die Erwartungen an Sicherheit und Komfort kontinuierlich steigen, gleichzeitig jedoch Spriteinsparung, Emissionssenkung und Nach-haltigkeit eingefordert werden. Die Branche ist sich einig, dass eine der Schlüsseltechnologien zur Lösung des Problems im Leicht-bau liegt. So viel Material wie nötig, so wenig wie möglich – die-se Prämisse der Natur zu einem elementaren Konstruktionsprinzip zu machen ist das Ziel der Forschungen. Im Hinblick auf maximale Stabilität und geringes Gewicht liefert die Natur eine Vielzahl be-eindruckender Beispiele. Zu ihnen zählen zum Beispiel Schwämme, Pflanzenhalme (s. auch Kapitel Bautechnik und Architektur) sowie Knochen.

◀ *Blaupausen aus der Natur für die Automobilindustrie: Der „EDAG Light Cocoon" ist eine Konzeptstu-die mit Ausblick auf den Karosserie-leichtbau der Zukunft. Eine stabile verästelte Tragstruktur aus dem 3D-Drucker sieht nur dort Material vor, wo es tatsächlich gebraucht wird.*

DER KNOCHEN – VORBILD ALS LEICHT-GEWICHT MIT EXTREMER STABILITÄT

Lediglich 12 Prozent Anteil hat das menschliche Skelett am gesamten Körpergewicht. Angesichts der hohen Belastung des Stütz- und Bewegungsapparats ist dieser Gewichtsanteil geradezu erstaunlich. Das Geheimnis von hoher Stabilität und Steifigkeit bei geringem Gewicht lässt sich auflösen, wenn man Knochen im Querschnitt betrachtet. Unter der Knochenhaut liegt die Kompakta als eine verhältnismäßig dünne, aber massive, dichte, von Kapillaren durchsetzte Knochensubstanz, der sich die sogenannte Spongiosa anschließt, die in ihrer Struktur an eine Koralle oder einen Schwamm erinnert. Kleine Knochenbalken, -stäbchen und -platten (sogenannte Trabekeln) bilden ein Gerüst, das dem Verlauf der Kräftelinien, also der Hauptspannungsrichtung folgt. Das heißt: Areale mit hoher Druckbelastung weisen eine erhöhte Ansammlung von Material auf, während weniger belastete Bereiche größere Hohlräume zeigen. Diese Struktur verleiht Knochen eine Stabilität, die – gemessen an dem Gewicht – sechsmal höher ist als die von Stahl.

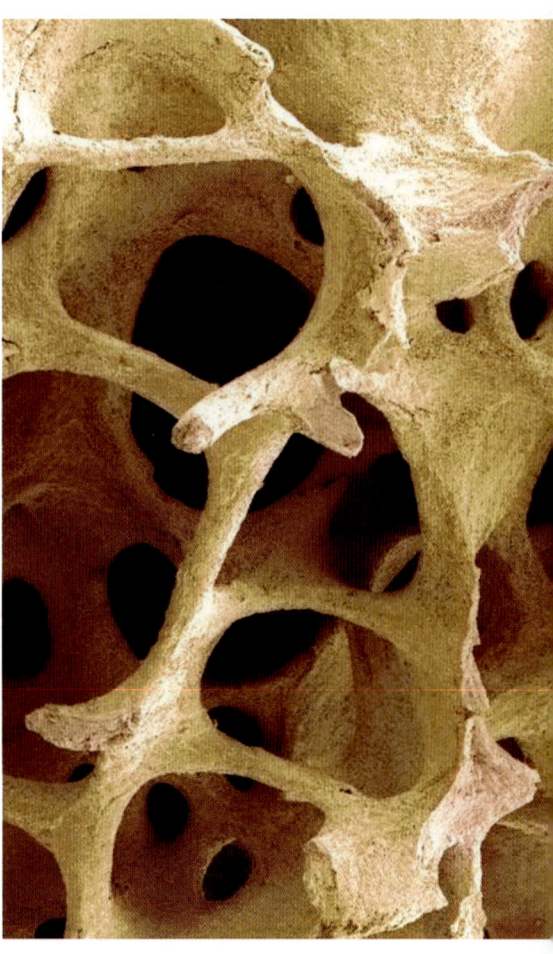

Doch damit nicht genug: Knochen sind alles andere als tote Materie. Die von zahlreichen Nerven und Blutgefäßen durchzogene Knochenhaut versorgt den Knochen mit Nährstoffen und ist Träger sogenannter Osteoblasten beziehungsweise Osteoklasten, die für den Auf- oder Abbau der Knochensubstanz verantwortlich sind. Osteoblasten produzieren eine kollagenhaltige Substanz, die durch die Einlagerung von Calcium und Phosphat verkalkt und neue Knochenmasse bildet. Osteoklasten hingegen bewirken, indem sie Aminosäuren und Enzyme absondern, den Abbau von Knochensubstanz. Die Steuerung dieser Vorgänge scheinen Osteozyten vorzunehmen: Sie registrieren Muskelaktivität und Krafteinwirkung und sorgen auf

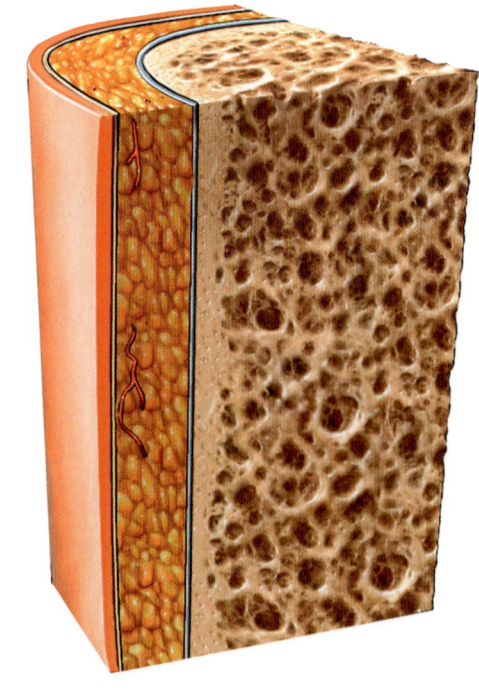

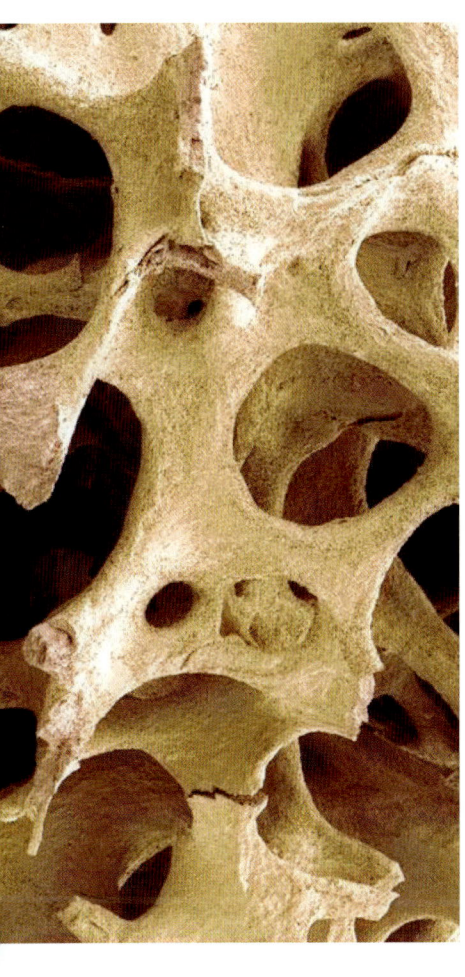

Dank der Selbstoptimierungsvorgänge – Knochensubstanz wird dort aufgebaut und verstärkt, wo die höchsten Druckbelastungen vorliegen – weisen Knochen trotz ihrer höchst beeindruckenden Stabilität ein geringes Gewicht auf.

der Grundlage dieser Informationen für die Aktivierung entweder von Osteoblasten oder Osteoklasten.

Welche fantastischen Möglichkeiten böten sich im Hinblick auf Karosseriebau, Architektur oder Medizin, wenn man es schaffen würde, diesen Mechanismus in technische Entwicklungen einfließen zu lassen? Bruchstellen im Material könnten selbstregulierend „heilen", medizinische Implantate würden sich der Anatomie und dem Genesungsfort-

schritt aktiv und individuell anpassen, Materialermüdung gehörte der Vergangenheit an.

Aufgrund der Komplexität dieser biologischen Selbstheilungs- und Selbstoptimierungsprozesse ist deren technische Umsetzbarkeit bislang weitestgehend Wunschdenken. Doch die Umsetzung der Fachwerk- beziehungsweise Schwammstruktur von Knochen ist möglich und zeigt im Bereich des Karosseriebaus bereits große Fortschritte. Knochen lagern an Stellen mit hoher Belastung beziehungsweise Spannung zusätzliches Material an und reduzieren dies in unterbelasteten Arealen. Diese Optimierungsprozesse lassen sich mittlerweile durch den Einsatz von Computern simulieren. Zu welchen Ergebnissen käme die Natur, wenn man sie mithilfe von Computerprogrammen beispielsweise eine Autofelge, eine Fahrwerkskomponente oder einen Brückenträger konstruieren ließe? Das Ergebnis dieser sogenannten CAO-Anwendungen (Computer Aided Optimization),

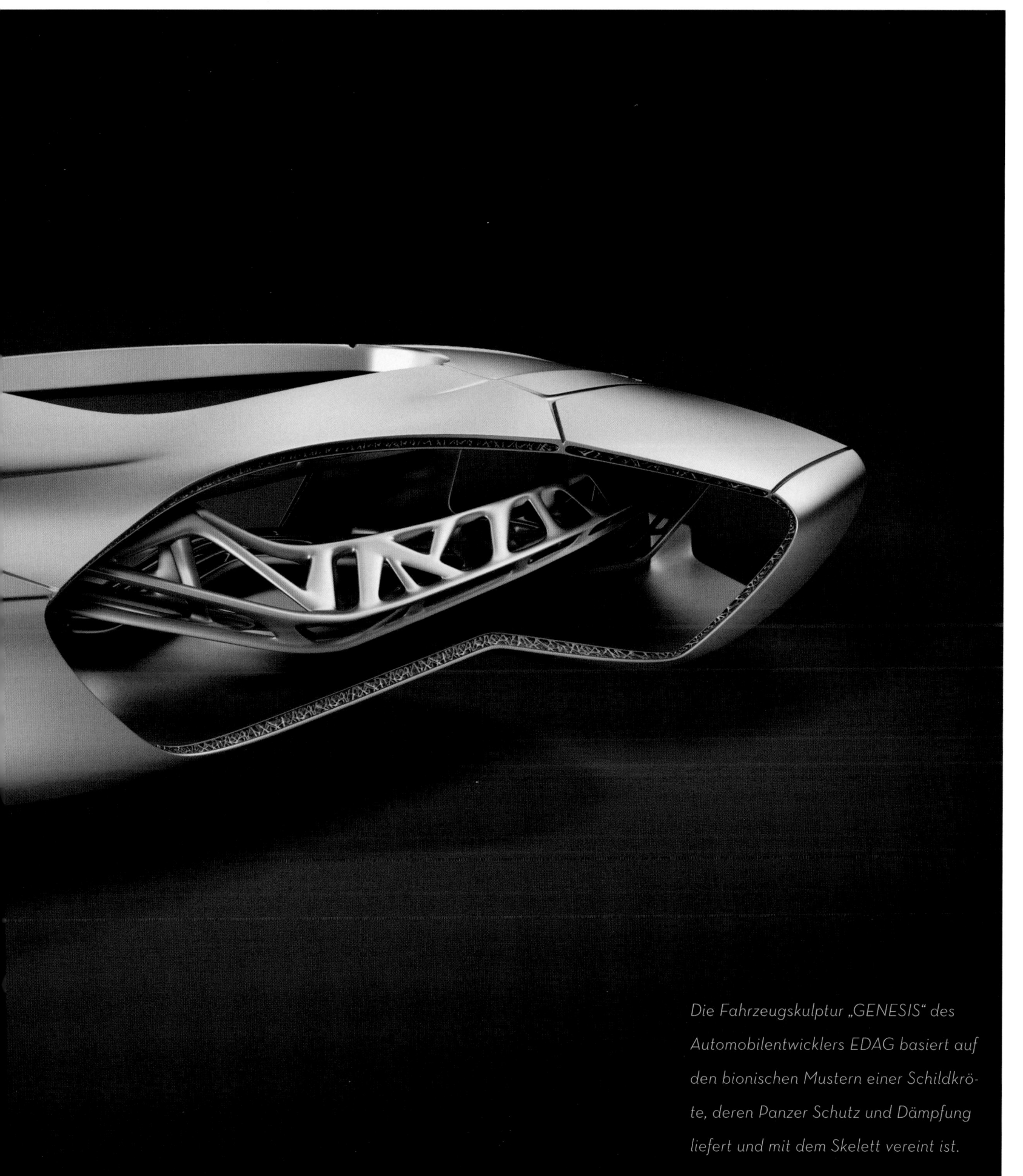

Die Fahrzeugskulptur „GENESIS" des Automobilentwicklers EDAG basiert auf den bionischen Mustern einer Schildkröte, deren Panzer Schutz und Dämpfung liefert und mit dem Skelett vereint ist.

SKO-Verfahren (Soft Kill Option) oder MPTO-Methoden (Multi Phase Topology Optimization) sind Leichtbau-Strukturen, die im Hinblick auf Stabilität, Unfallsicherheit und Fahrdynamik keinerlei Kompromisse machen und dennoch mit Gewichtsreduzierungen von bis zu 30 Prozent gegenüber den konventionellen Lösungen überzeugen können. Diese Form der Material- und Gewichtseinsparung ist vor allem deshalb von großer Bedeutung, da sich naheliegende Konzepte zur Gewichtsreduzierung – beispielsweise der Ersatz von Stahl durch Aluminium – im Hinblick auf Kosten und Umweltverträglichkeit als Einbahnstraße herausstellen: Aluminium benötigt im Vergleich zu Stahl in der Produktion zehn Mal so viel Energie und kostet das Fünffache. Kein Wunder, dass die Automobilbranche ihr Augenmerk deshalb vor allem auf neue Materialien wie Faserverbundwerkstoffe legt sowie auf intelligente Konzepte in der Formgebung. Leichtbauweise durch die Umsetzung des Knochenbauprinzips erscheint dabei ebenso erfolgversprechend wie die Optimierung der eigentlichen Form beziehungsweise Geometrie des Fahrzeugs. Und auch hier haben sich Fahrzeugingenieure Anregungen im Bereich der Fauna gesucht.

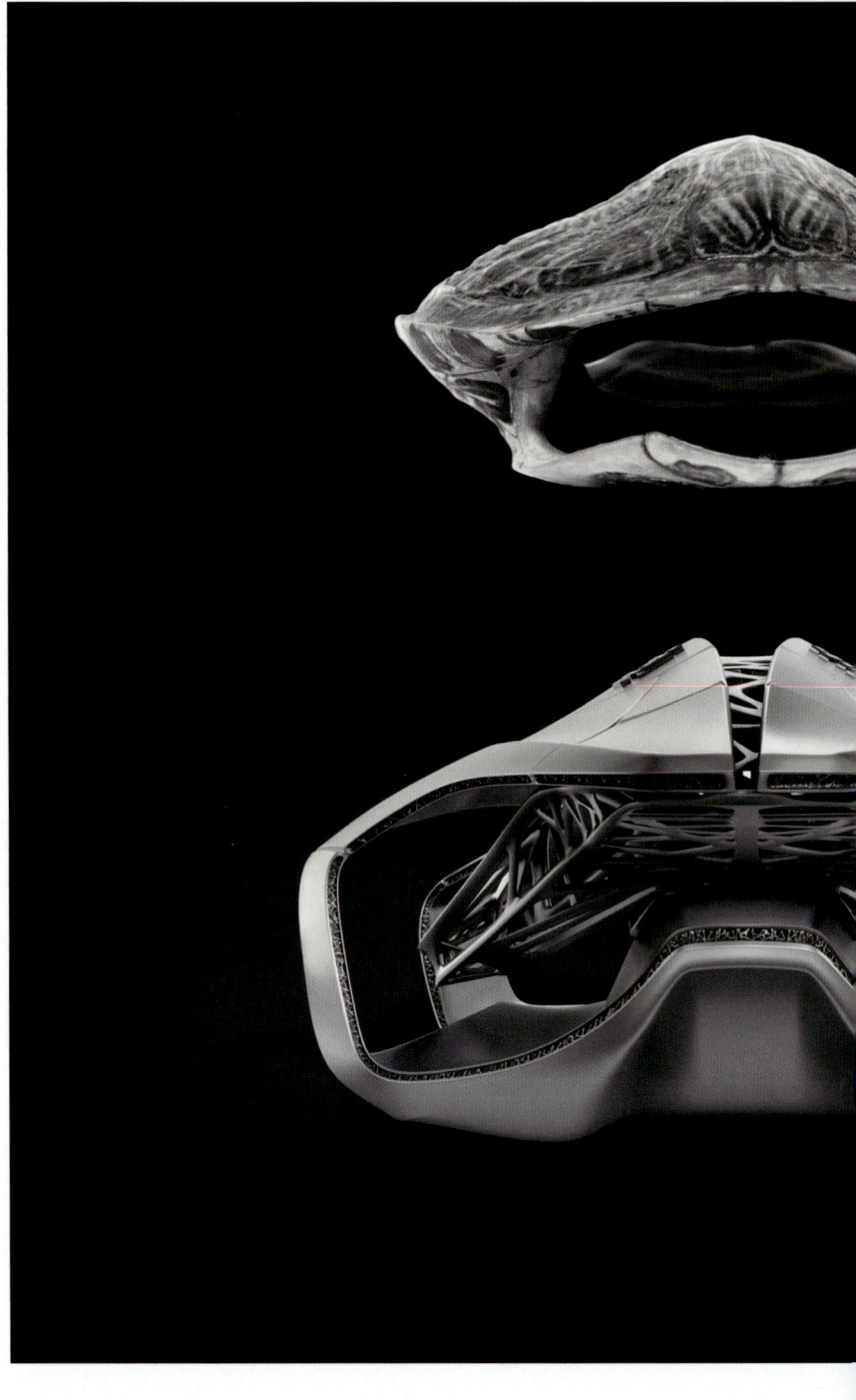

▲ *Der Skelettrahmen des „EDAG GENESIS" erinnert an natürlich gewachsene Knochengerüste.*

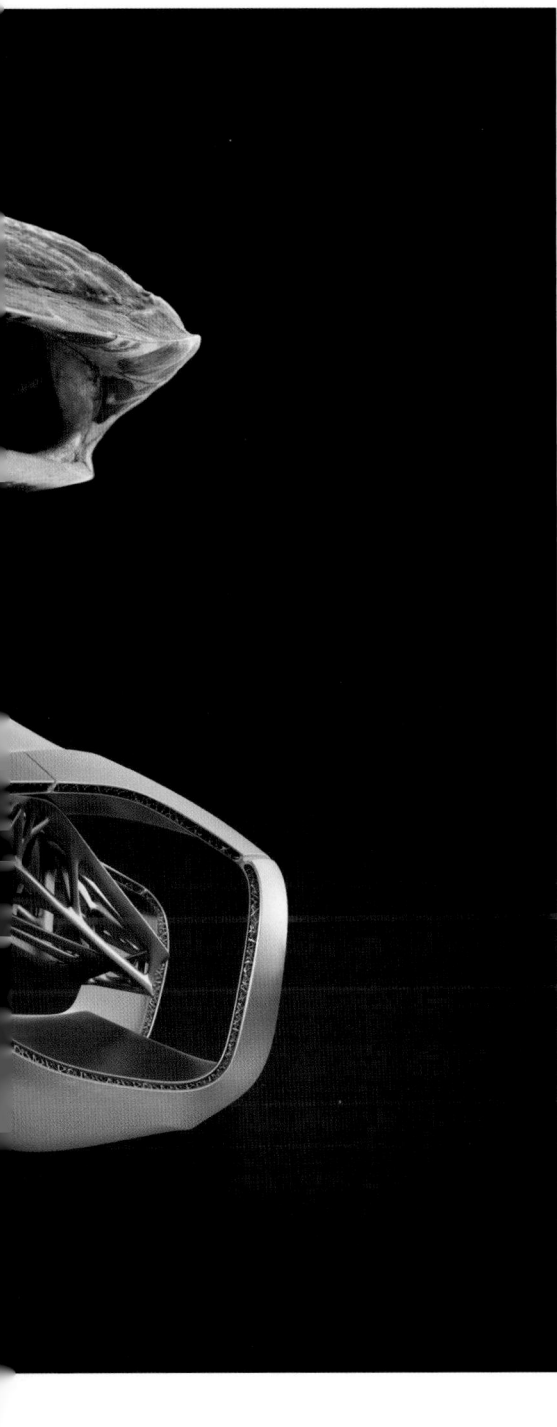

PINGUIN UND KOFFERFISCH –
DIE PERFEKTE FORM

Der Strömungswiderstand – im Falle von Automobilen der Luftwiderstand – ist eines der Hauptprobleme für Ingenieure, die in der Entwicklung neuer Fahrzeugformen darum bemüht sind, den Treibstoffverbrauch und die Emissionswerte auf ein Minimum zu reduzieren. Mit sogenannten Ribletfolien, die der Haut eines Hais nachempfunden sind, fand man mittlerweile einen vielversprechenden Lösungsansatz zur Reduzierung von Reibungs- beziehungsweise Oberflächenwiderstand. Parallel dazu widmen sich zahlreiche Forschungsinstitute dem Problem des Druck-/Formwiderstands, der etwa zwei Drittel des gesamten Luftwiderstands ausmacht. Wie entscheidend sich die Gestalt des Fahrzeugs auf den Luftwiderstand und den damit verbundenen Treibstoffverbrauch auswirkt, zeigt folgendes Beispiel: Autos, die mit einem Dachgepäckträger fahren, weisen einen erhöhten Luftwiderstand von 30 Prozent auf, wodurch sich der Kraftstoffverbrauch um 10 Prozent erhöht.

Formoptimierung ist also eine wichtige Prämisse, und auch hier kann die Natur Vorbild und Ideengeber sein. Zunächst konzentrierten sich Ingenieure auf Tiere, die mit einem „windschnittigen", stromlinienförmigen Körper ausgestattet sind und die sich scheinbar mühelos durch die Luft oder das Wasser bewegen. Sir George Cayley (siehe Exkurs S. 126), der sich Anfang des 19. Jahrhunderts auch mit der Entwicklung von Gleitfliegern beschäftigte, untersuchte in diesem Zusammenhang das Strömungsverhalten unterschiedlicher Körperformen und widmete dabei große Aufmerksamkeit den Fluss- und Meeresbewohnern. Die dahinterstehende Idee: Da Wasser eine höhere Dichte als Luft aufweist, müssen die Tiere mit der bestentwickelten und effektivsten Stromlinienform in den Flüssen und Meeren der Welt gesucht werden. So orientierte er sich beispielsweise auch an der Körperform der Forelle, um Widerstände im Bereich von Gleitfliegern zu reduzieren.

Die moderne Forschung griff den Gedanken von George Cayley auf und wurde beim Pinguin fündig. Das Tier ist nicht nur ein schneller und ausdauernder Schwimmer: Der Pinguin verbraucht bei seinen Raubzügen unter Wasser zudem verblüffend wenig Energie. Untersuchungen haben ergeben, dass er für 100 Kilometer Strecke lediglich die Energie benötigt, die er aus 1 Kilogramm Kleinkrebsen bezieht. Das Geheimnis dieser überaus effizienten Fortbewegung liegt in seiner Körperform. Vermutlich haben sich Pinguine aus jener Gruppe flugfähiger Seevögel entwickelt, zu denen beispielsweise Albatrosse oder Lappentaucher gehören. Im Laufe der Jahrmillionen haben sie ihre Tauchgänge perfektioniert – und bezahlten diesen Umstand mit ihrer Flugfähigkeit. Der ungelenke, schwerfällige Gang der Vögel an Land lässt keinen Zweifel darüber aufkommen, dass Wasser mittlerweile das entscheidende Element der Tiere ist und nicht die Luft. Und doch zeugen die Schwimmbewegungen von den evolutionären Ursprüngen der Tiere, denn die kräftigen Auf- und Abbewegungen der Flossen, die einstmals Flügel waren, erinnern unzweifelhaft an den Flug von Vögeln. Ansonsten hat sich ein perfekter stromlinienförmiger Körper entwickelt, der einen überragend geringen Strömungswiderstand (Widerstandsbeiwert) erzeugt, dessen Wert bei 0,03 cw liegt. Im Vergleich: Das derzeit windschlüpfrigste Serienfahrzeug kommt auf einen cw-Wert von 0,22. Es gilt also noch viel zu lernen vom „gefrackten" Vogel, der – so sind sich viele Bioniker sicher – die Form zukunftsfähiger Automobile vorgeben wird und dies umso mehr, da sich Pinguine im Vergleich zu Robben oder Delfinen, die auch vorbildliche cw-Werte aufweisen, mit einem relativ starren Rumpf fortbewegen. Ingenieure im Bereich Karosseriebau suchen deshalb nach Lösungen, wie man am sinnvolls-

Die Form des Pinguinkörpers ist besonders strömungsgünstig und dient deshalb als Vorbild für energie-effiziente Fortbewegungsmittel.

ten die Körperform der Pinguine – ein spitzer, sich nach hinten verdickender Schnabel, gro-ßer Kopf, schlanker Hals und ein korpulenter Körper, der sich am Ende verjüngt – adaptie-ren und auf Autoformen übertragen kann. Die Testphase läuft. Noch ist kein Serienwagen in Produktion, doch Testfahrzeuge wie der wasserstoffangetriebene BMW H2R zeigen bereits, in welche Richtung die Entwicklung gehen kann.

Der Autohersteller Daimler AG hat sich hinge-gen ein anderes Tier zum Vorbild genommen, um ein stromliniengünstiges und entspre-chend treibstoffarmes Auto zu entwickeln, das im Jahr 2005 auf dem Innovationssym-posium in Washington als „Mercedes-Benz bionic car" präsentiert wurde: den Koffer-fisch. Mit einem kantigen Höhen-Längen-Breiten-Verhältnis von etwa 20-45-20 Zenti-metern kommt *Ostracion meleagris* aus der

Ordnung der Kugelfischverwandten nicht unbedingt grazil daher. Und doch erbrachten Untersuchungen im Windkanal, bei denen Abgussmodelle des Kofferfischs zum Einsatz kamen, einen überraschend geringen cw-Wert von 0,06. Dass man sich für die gewöhnungsbedürftige Form des Kofferfischs zur Entwicklung eines wegweisenden Konzeptfahrzeugs entschied, lag in dem Umstand begründet, dass ein Mercedes der A-Klasse als Basismodell dienen sollte. Der Kofferfisch mit seiner nahezu rechteckigen Form kam der Basiskarosserie also deutlich näher als ein Hai oder Pinguin.

Entstanden ist ein 4,24 Meter langer Viersitzer, der als fahrbereiter Prototyp einen außergewöhnlich niedrigen cw-Wert von 0,19 aufweist. Dafür sorgen nicht zuletzt stark verkleidete Vorder- und Hinterräder, Rückblickkameras, die die aerodynamisch negativen Außenspiegel ersetzen, sowie Türgriffe, die in der Karosserie versenkt sind und erst bei Berührung ausfahren. Hinzu kommen deutliche Einsparungen im Gewicht. Mithilfe der rechnerbasierten SKO-Methode (Soft Kill Option) wurden gering belastete Fahrzeugkomponenten so entworfen, dass Werkstoffanteile herausgeschnitten werden konnten, ohne die Stabilität und Crashsicherheit zu gefährden. Umgekehrt wurden stark

▶ *Durch seine funktionelle Leichtbauweise weist das „Mercedes-Benz bionic car" nicht nur eine positive Materialbilanz auf, sondern überzeugt auch durch seinen geringen Treibstoffverbrauch. Der 2-Liter-Dieselmotor des 140 PS starken Wagens verbrauchte bei Tests 4,3 Liter Kraftstoff auf 100 Kilometer – das alles bei einer Höchstgeschwindigkeit von 190 km/h und einer Beschleunigung von 0 auf 100 km/h in 8,6 Sekunden.*

beanspruchte Fahrzeugkomponenten durch zusätzliches Material versteift. 30 Prozent Gewicht konnten auf diese Weise gegenüber herkömmlichen Karosserien eingespart werden. Auch bei diesem Optimierungsvorgang diente der Kofferfisch als Vorbild, denn der gut gepanzerte Fisch verfügt über sechseckige Knochenplatten, die fugenlos unter der schuppenlosen Haut liegen und ihn trotz des geringes Gewichts ausgesprochen gut gegen Angriffe schützen.

Nicht alle Details des „Mercedes-Benz bionic car", so zum Beispiel die ausgesprochen tiefe Abdeckung der Räder oder das Fehlen von Außenspiegel, erscheinen zum jetzigen Zeitpunkt serientauglich. Und dennoch darf das Kofferfischauto als zukunftsträchtige Inspirationsquelle gelten.

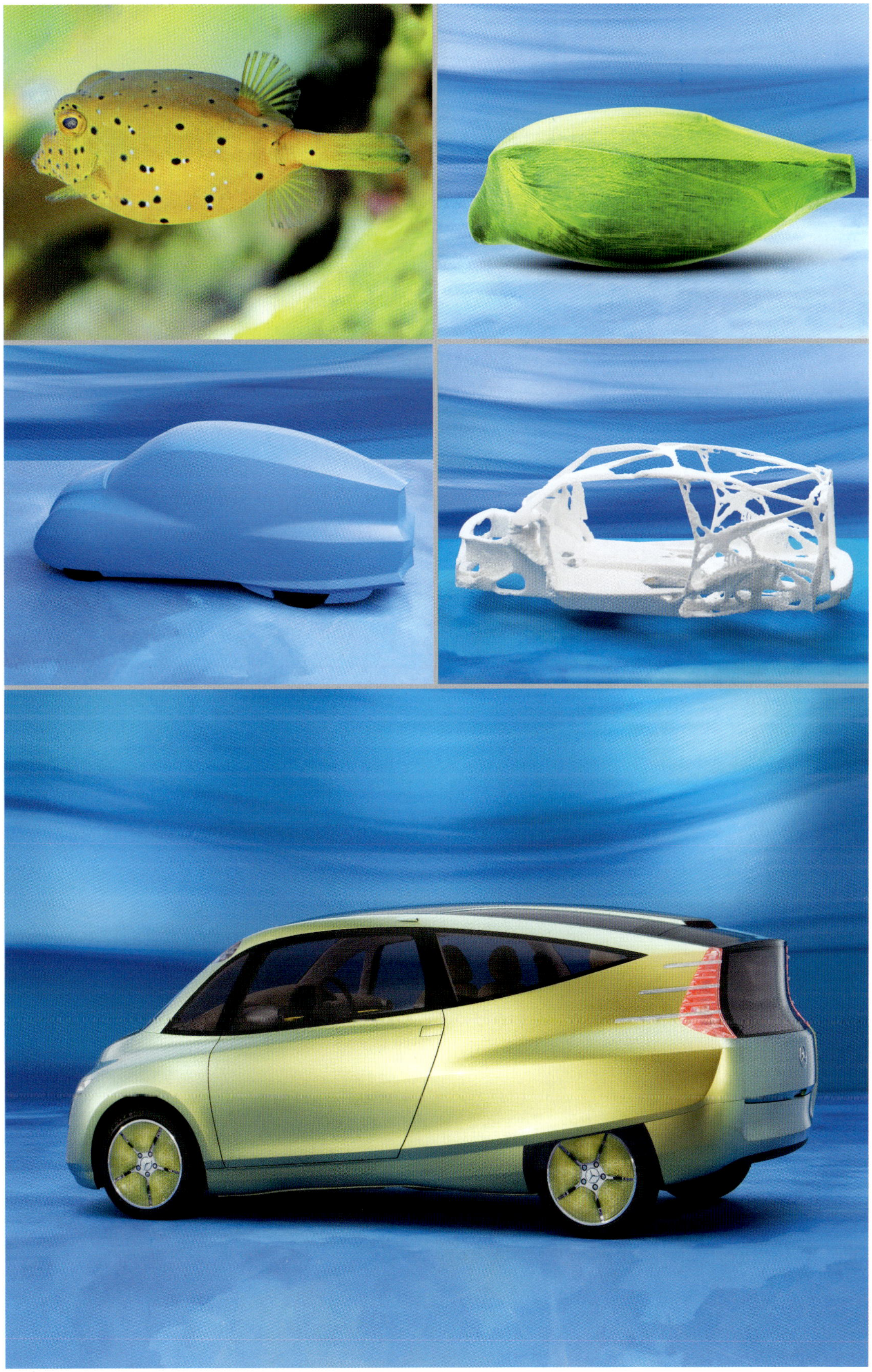

VON SCHLAGENDEN FLOSSEN UND SPITZEN SCHNAUZEN —

FORMOPTIMIERUNG VON BOOTEN UND SCHIFFEN

Viele Visionen für die Fortbewegung auf und unter dem Wasser oder die Erschließung des Meeres als Lebensraum erscheinen zum jetzigen Zeitpunkt als unrealistische Schwärmerei.

Logistikunternehmen träumen von gigantischen Unterseebooten, mit denen Waren – unbehelligt von Unwettern und Piraterie – sicher von A nach B transportiert werden. Architekten entwerfen Pläne für künstliche Inseln, geformt wie Seerosenblätter, die auf dem Meer treiben und bis zu 50 000 Menschen beherbergen. Und das Militär investiert

in die Entwicklung von unsichtbaren und geräuschlosen Schiffen und U-Booten, die der Spionage, dem Angriff oder der Verteidigung dienen. Manche dieser Projekte scheinen, wenn nicht an der technischen Umsetzbarkeit, so doch an der Finanzierbarkeit zu scheitern.

Es gibt jedoch Visionen und Erfindungen, die sich längst in der Testphase oder gar in der Entwicklung befinden, und nicht selten spielt die Natur als Ideengeber hierbei eine entscheidende Rolle. So auch bei der Entwicklung einer Folie, die der Haut eines Haifischs nachempfunden ist und die Schiffsrümpfe vor dem Befall mit Seepocken, Muscheln oder Algen bewahrt. Hierbei geht es nicht um ein ästhetisches Problem: Der „Fouling" genannte Bewuchs bremst Schiffe aus und kann einen bis zu 40 Prozent erhöhten Treibstoff-

▲ *Bei der Entwicklung neuer Oberflächen für Schiffsrümpfe kann auch der Rückenschwimmer (Notonectidae) als Ideengeber dienen, der stets mit der Bauchseite nach oben unter der Wasseroberfläche schwimmt.*

Der Rückenschwimmer macht sich dabei den sogenannten Salvina-Effekt zunutze, der die Stabilisierung einer Luftschicht auf einer Oberfläche unter Wasser beschreibt. Schiffe mit biometrisch-technischen Salvina-Oberflächenbeschichtungen könnten in naher Zukunft auf einer Luftschicht durch das Wasser gleiten, was eine erhebliche Reibungsreduktion mit sich brächte (Kopf eines Rückenschwimmers in frontaler Ansicht).

verbrauch verursachen, was angesichts der Mengen an benötigter Energie immens ins Gewicht fällt. Bei einem Containerschiff, das 4000 Container transportiert, können zusätzliche Kosten von 30 000 Euro entstehen – pro Tag! Darüber hinaus sind die bislang eingesetzten bioziden Schutzanstriche eine Gefahr für die Meeresflora und -fauna. Künstliche Haifischhaut ist im maritimen Bereich zurzeit eine der zukunftsträchtigsten bionischen Erfindungen, die einen wesentlichen Beitrag zur Ressourcenschonung leisten kann.

Überhaupt ist die Einsparung von Rohstoffen und Energie neben Sicherheits- und Funktionalitätsaspekten die wichtigste Triebfeder in der Entwicklung neuer Schiffsmodelle, wobei Formgebung und Oberflächen eine ebenso große Rolle spielen wie Antriebsmechanismen oder die Auswahl von Materialien. Der Blick auf die Fauna der Meere liefert dabei aufschlussreiche Erkenntnisse: 96 Prozent der heute lebenden Fischarten zählen zu den Knochenfischen, die in der überwiegenden Mehrzahl mit einer Schwimmblase ausgestattet sind, die den Auftrieb der Tiere gewährleistet. Knorpelfische und Wale hingegen gleichen das Fehlen dieses natürlichen Auftriebsmechanismus meist mit großen Fett- und Ölansammlungen aus, die aufgrund der geringeren Dichte gegenüber Wasser die gleiche Funktion übernehmen, sowie einem Skelett von äußerst geringem Gewicht. Das stützende „Skelett" auf das nötige Minimum zu reduzieren und damit Gewicht einzusparen, ist eine der Prämissen, die sich auch der hochmoderne Schiffbau auf die Fahnen geschrieben hat. Der Einsatz von kohlenstoff- oder glasfaserverstärkten Kunststoffen ist hierbei ein ebenso probater Lösungsweg wie die Verwendung von Metallschäumen oder Dünnblechen. Doch auch die Natur selbst trägt ihren Anteil zu diesen Optimierungsvorgängen bei, indem sie zum Beispiel das Vorbild für die Sandwichbauweise mit Wabenkern liefert, die in zahlreichen Strukturelementen zu finden ist.

▼ *Computeranimation des Kreuzfahrtschiffs „AIDAprima" der Reederei Aida Cruises, das erste mit MALS-Technologie ausgestattete Kreuzfahrtschiff.*

Gewichtsreduzierung ist jedoch nur einer der Bausteine in der ressourcenschonenden Planung von Schiffen und Booten. Weitere Treibstoff-Einsparpotenziale liegen in der Verringerung des Gesamtwiderstands, der sich aus drei Komponenten zusammensetzt: Reibungs- bzw. Oberflächenwiderstand, Formwiderstand und induzierter Widerstand. Für das Problem der Reibungswiderstände, die bei Containerschiffen mehr als 50 Prozent der Antriebsenergie „schlucken" können, gibt es bereits mehrere Lösungsansätze. Während die einen auf Riblet-Folien setzen, auch um dem Problem des Fouling zu begegnen, fangen andere Reedereien an, ihre Schiffe auf einem Film aus Luftbläschen gleiten zu lassen, um eine nennenswerte Treibstoffersparnis zu erreichen. Für diesen Vorgang steht einerseits die sogenannte MALS-Technologie zur Verfügung, bei der Kompressoren – die allerdings auch wieder Energie benötigen – einen Teppich aus Luftblasen erzeugen, auf dem das Schiff gleitet. Diese aktive Form der sogenannten Luftschmierung steht in Konkurrenz zu einer passiven Methode, bei der die Natur Pate stand. Als Vorbild dient vor allem der Schwimmfarn *Salvinia molesta*. Die Pflanze verfügt über winzige, schneebesenartige Härchen, deren Zwischenräume mit Luft gefüllt sind, sodass die schimmernde Oberfläche des Farns als wasserabweisende Luftblasenhülle funktioniert. 2007 wurde das Patent für diese Technologie angemeldet, und einer der Entdecker, Wilhelm Barthlott, geht davon aus, dass diese Beschichtung allein im Bereich der Containerschifffahrt ein Einsparvolumen in Höhe von 315 000 Barrel (rund 50 Millionen Liter) Rohöl pro Tag bereithält.

Während es bei der Entwicklung von Riblet-Folien oder Salvinia-Oberflächenbeschichtungen um Details im Nanobereich geht, stehen bei der Formoptimierung weitaus größere Zusammenhänge im Fokus des Interesses. Welche Tiere können aufgrund ihrer Körperform oder bestimmter Bestandteile ihres Körpers Vorbild für Schiffsrümpfe und -nasen sein? Welche Bewegungsabläufe und Antriebsmethoden erscheinen am effektivsten? – Nicht immer sind es die stromlinienförmigen Meeresbewohner wie Delfin, Pinguin oder Hai, die schlussendlich die inspirierendsten Vorbilder für technische Entwicklungen sind, obgleich der Hai innerhalb weniger Monate Tausende von Kilometern zurücklegen kann und als solcher ein wahrer Ausdauerschwimmer mit fantastischen cw-Werten ist.

Die Zoologen der Universität Bonn beispielsweise haben die Forelle ins Visier genommen, filmten deren Schwimmbewegungen im Strömungskanal mithilfe einer hochauflösenden Kamera und ließen die Daten per Computer in ein dreidimensionales Muster umwandeln. Zugleich ermöglichte ein in der Muskulatur des Fisches angebrachter Kupferdraht die Messung der Muskelbewegungen. Wie sich zeigt, braucht die Forelle bei laminarer, also verhaltener, gleichmäßiger Strömung nur ein Minimum an Muskelkontraktion und

damit an Energie. Nimmt die Strömung zu, weiß der Fisch die entstehenden Wirbel, die hinter Steinen, Ästen etc. entstehen, durch Schwimmbewegungen und Körperhaltungen optimal auszunutzen und spart auf diese Weise bis zu 95 Prozent der Bewegungsenergie ein. Interessant in diesem Zusammenhang ist die Studie amerikanischer Forscher, derzufolge sich der Vortrieb im Bereich der Schwanzflosse nicht an der Hinterkante der wedelnden Flosse abspielt, sondern durch einen Wasserwirbel an der Vorderkante, der für eine veränderte Druckverteilung und damit für eine verstärkte Schubkraft der Flosse sorgt. Dieser sogenannte stabile Vorderkantenwirbel ist also – wie bei den Flügeln von Insekten – maßgeblich am Vortrieb beteiligt.

Die Erkenntnisse über die kraftvollen und höchst effizienten Schwimmbewegungen der Forellen haben Physikingenieure der Universität Darmstadt dazu inspiriert, einen Roboter mit Flossenantrieb zu konstruieren, der ein erster Schritt zur Revolutionierung des Schiffsantriebs sein könnte. Denn alle bisherigen Tests zeigen nicht nur eine deutlich günstigere Energiebilanz: Flossen bieten zudem den enormen Vorteil, dass sie keine Meeresfauna und -flora zerstören, keine am Meeresboden abgelagerten Sedimente aufwühlen, mit denen oft auch Giftstoffe wieder

Fische sind perfekt an ihre Umwelt angepasst und weisen in ihrer Fortbewegung eine beeindruckende Energieeffizienz auf. Zoologen der Universität Bonn sowie Physikingenieure der TU Darmstadt erforschen deshalb intensiv die Schwimmbewegungen der Forelle.

in den Wasserkreislauf gelangen, und nicht zuletzt deutlich schonender im Bereich von Kanälen und Brücken sind, greifen sie doch den Mörtel nicht derart an wie rotierende Schiffsschrauben. Noch steckt die praktische Anwendung des Flossenantriebs in den Kinderschuhen, doch der Testeinsatz an zunächst kleineren Booten liegt in naher Zukunft.

Die Zoologen der Universität in Saarbrücken haben sich ein anderes Tier zum Vorbild genommen, um die Idee des Flossenantriebs auf Tretboote zu übertragen. Während Forellen mit einer senkrecht stehenden Flosse ausgestattet sind, die seitwärts wedelt, verfügen Wale und Delfine über horizontal ausgerichtete Schwanzflossen. Für Bewegungen wird die Wirbelsäule auf und ab gekrümmt und entsprechend vollführt auch die Schwanzflosse eine Auf- und Abwärtsbewegung. Genau dieses Bewegungsmuster lässt sich auf Tretboote übertragen und kann damit die weniger effizienten Schaufelräder ersetzen, die zudem einen weitaus größeren Störfaktor in der aquatischen Lebenswelt darstellen.

Und auch im vorderen Bereich der Schiffe gibt es Optimierungspotenzial, wobei hier der Delfin als absoluter „Trendsetter" im Hinblick auf die Entwicklung des Bugs gelten darf. Wer zuerst auf die Idee kam, Schiffe mit einem spitzen Bug zu versehen, der an die Nase von Delfinen erinnert, ist umstritten. Ein jahrtausendealtes Fundstück – die weltberühmte Dionysos-Schale aus der Zeit um 540 v. Chr. – könnte in diesem Zusammenhang ein überaus aufschlussreiches Dokumentationsstück sein. Dionysos, ganz in seinem Element, liegt auf einem Segelschiff, an dessen Mast Weinranken aufragen und dessen Bug große Ähnlichkeit mit der Schnauze der Delfine aufweist, die das Schiff spielend umschwimmen. Es ist nicht unwahrscheinlich, dass sich bereits die Griechen in der Konstruktion des Schiffsbugs an der Anatomie von Meeresbewohnern orientierten. Die Vorteile dieses markanten, unterhalb der Wasserlinie liegenden Schiffsteils sind vielfältig: Ein Wulstbug erhöht den Auftrieb im vorderen Teil des Schiffes und verbessert somit die Seegängigkeit, zum anderen nimmt er Einfluss auf das Wellenbild des fahrendes Schiffes. Die hohe Bugwelle wird auf ein Minimum reduziert, wodurch ein großer Teil des Widerstands verringert wird, was wiederum eine immense Treibstoffersparnis mit sich bringt.

Kaum ein Tanker oder Containerschiff kommt heute ohne Bugwulst aus. Dass der Delfin als natürliches Vorbild für die Konstruktion dieses effizienten und energiesparenden Strukturteils dient, ist nicht mehr bei allen Modellen von Bugwulsten zu erkennen, insbesondere solchen, die stark gedrungen sind. Doch dies ändert nichts daran, dass in der verhältnismäßig kurzen Zeitspanne, in der sich die Bionik zu einem viel beachteten Wissenschaftszweig entwickelt hat, zahlreiche Optimierungsvorgänge im Bereich des modernen Personen- und Frachtverkehrs möglich sind, indem Tiere und Pflanzen uns mit ihrem evolutionsbedingten Vorsprung hilfreiche Lösungen und Antworten auf technische Fragestellungen geben.

„DIE NATUR KREIERT NICHTS OHNE BEDEUTUNG."

Aristoteles

▼ *Delfinnase als Vorbild für antike Schiffstypen? Vorbild und Nachfolge lassen sich auf der sogenannten Dionysos-Schale aus der Zeit um 540 v. Chr. klar erkennen.*

BAUTECHNIK UND ARCHITEKTUR

„WIR BAUEN ZU VIELE HÄUSER.
WIR VERSCHWENDEN RAUM, LAND, MASSE UND ENERGIE. (…)
UNSERE ZEIT VERLANGT LEICHTERE, ENERGIESPARENDE,
MOBILERE UND ANPASSUNGSFÄHIGERE,
KURZ GESAGT NATÜRLICHERE HÄUSER, OHNE DIE FORDERUNG
NACH SICHERHEIT UND GEBORGENHEIT ZU MISSACHTEN. (…)
AM ANFANG JEDES ARCHITEKTURSTUDIUMS
MUSS UNBEDINGT DAS STUDIUM DER NATUR STEHEN."

Frei Otto, Architekt, anlässlich der Ausstellungseröffnung „Gestalt finden –
Auf dem Weg zu einer Baukunst des Minimalen", Weimar, 1996

◀ *Vorangehende Doppelseite: Der Pavillon für die Expo 67 im kanadischen Montreal von Richard Buckminster Fuller.*

▶ *Architekten wie Santiago Calatrava nehmen sich die Natur zum Vorbild, orientieren sich allerdings im Wesentlichen an ihren Formen und nicht an den Bauprinzipien der Natur.*

Architektur lebt von Visionen. Jedes Jahrhundert brachte Baumeister und Ingenieure hervor, die ihre Vorstellungen zukunftsfähiger Gebäude und Städte entwickelten.

Manche dieser Entwürfe stehen ausschließlich im Zeichen des Gigantismus, andere sind einem gnadenlosen Pragmatismus unterworfen, bei dem Wohn- und Lebensqualität in den Hintergrund zu treten scheinen, und wieder andere Konzepte verfolgen einen ganzheitlichen Ansatz, in dem die ideale Stadt eingebunden ist in die Idee einer idealen Gesellschaft.

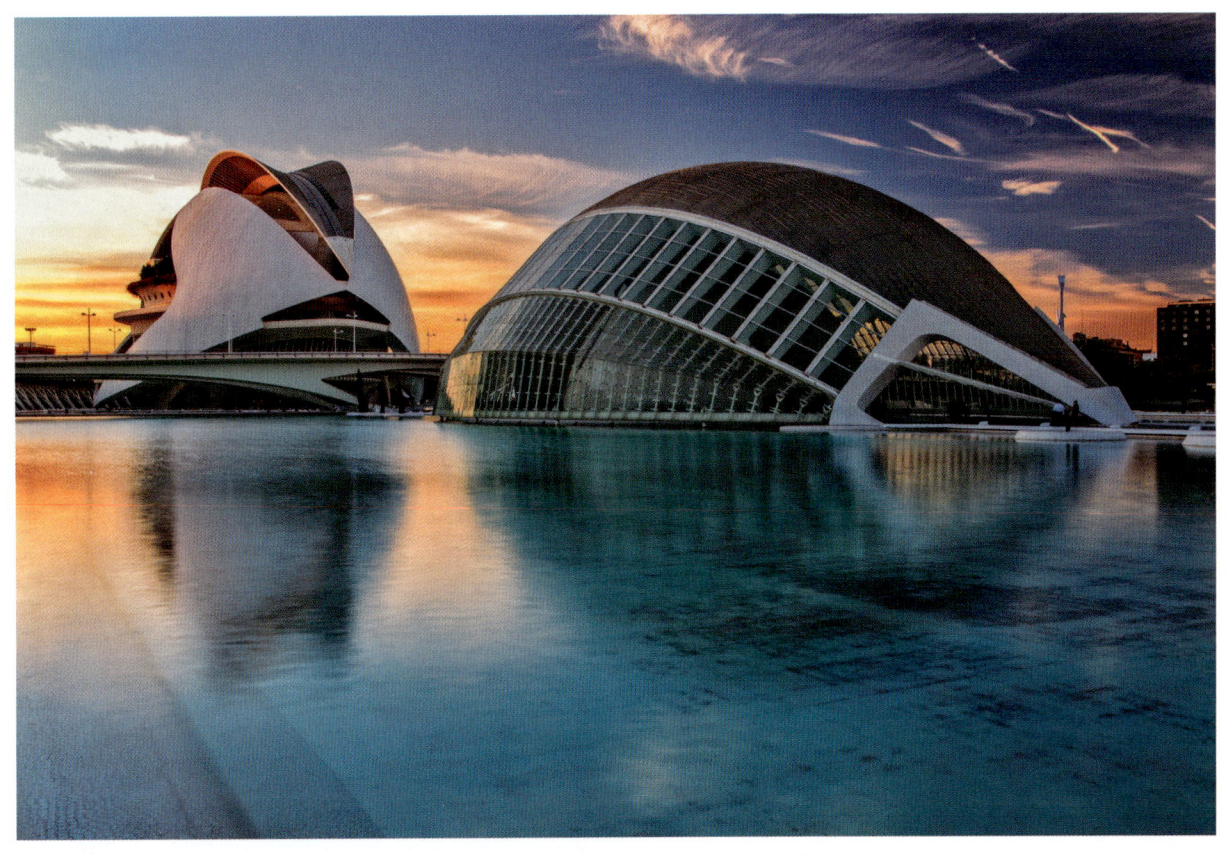

Betrachtet man gegenwärtige Konzepte, die in den Architekturbüros rund um den Globus entstehen, so zeigt sich, dass nicht selten die Natur als maßgebliche Inspirationsquelle dient. Im besten Fall entstehen auf diese Weise architektonische Entwürfe, bei denen die Grundprinzipien, die den Bauplänen der Natur unterliegen, konsequent verfolgt und umgesetzt werden. Für die Städte- und Gebäudeplanung bedeutet das vor allem: schonender Umgang mit Ressourcen in allen Entwicklungsstufen, wie dies zum Beispiel durch Leichtbaukonstruktionen bewerkstelligt werden kann, dynamische, anpassungsfähige Gebäudeelemente, die auf Außeneinflüsse reagieren, vollständige Rückführung der Materialien in den Naturkreislauf sowie effiziente Nutzung von Sonne, Wind und Regen.

Die Realität ist von diesen Visionen zurzeit weit entfernt. Noch immer ist das Bauwesen einer der ressourcenintensivsten Wirtschaftszweige überhaupt: Allein in Deutschland werden jährlich rund 580 Millionen Tonnen mineralischer Rohstoffe wie Kies, Sand und Naturstein verbaut, weitere Baustoffe wie Zement oder 5,5 Millionen Tonnen an Baustahl, für dessen Herstellung wiederum Unmengen fossiler Energie benötigt werden, kommen hinzu. Entsprechend erschreckend gestaltet sich die Abfallstatistik: Mit rund 195 Millionen Tonnen machen Bau- und Abbruchabfälle etwa 54 Prozent des gesamten deutschen Abfalls aus.

◄ Der LifeCycle Tower im österreichischen Dornbirn beschreitet neue Wege: Hinter einer Fassade aus recyceltem Metall befindet sich das weltweit erste Hybrid-Hochhaus aus Holz. Mit der nachhaltigen Bauweise und einer positiven Energiebilanz werden Aspekte aufgegriffen, die auch in der Entwicklung bionischer Bauwerke von Bedeutung sind.

Diesen erschreckenden Zahlen setzen immer mehr Architekten nachhaltige Konzepte entgegen, deren Ideenreichtum faszinierend ist: Wie lassen sich dynamische Gebäude denken und entwickeln, die sich den wechselhaften Bedingungen, die innen wie außen herrschen, anpassen? Wie entstehen „intelligente" Häuser, deren schützende Außenhüllen auf Sonne und Wind reagieren und die ihre eigene Energie gewinnen? Oder Gebäude mit wandelbaren Konstruktionen, bei denen natürliche Belüftungssysteme ein ebenso angenehmes wie energieeffizientes Raumklima garantieren? Fassaden, die sich selbst reinigen, oder Konstruktionselemente, die nur ein Minimum an recycelfähigem Material beanspruchen? – Diese und andere Visionen optimierter Gebäude auf der Grundlage der Natur machen neugierig und lassen uns voller Ungeduld auf die Umsetzung bionischer Baulösungen warten, die uns einen Ausweg aus der überwiegend klimaschädlichen, rohstoff- und abfallintensiven Bauweise der Gegenwart zeigen können.

◀ Aus Budgetgründen hat man sich bei der Autobahnkirche Siegerland an der A 45 bei Wilnsdorf für eine Holzständerbauweise auf einem Betonfundament entschieden. Die von den Frankfurter Architekten Schneider + Schumacher entworfene, im Mai 2013 eingeweihte Kirche zeigt im Inneren ein filigranes Holzgewölbe mit einer feingliedrigen Rippenstruktur, die durchaus auch an Blattstrukturen der Natur erinnert.

BAUBIONIK ZWISCHEN WUNSCH UND WIRKLICHKEIT

Die Baubranche hat die Bionik längst für sich entdeckt. Das gilt nicht nur im Hinblick auf die Entwicklung zukunftsweisender Gebäude, sondern auch in der Vermarktung derselben.

Wer bionische Ansätze für sein Gebäudemodell geltend macht, kann sich der Aufmerksamkeit potenzieller Bauherren gewiss sein. Das Problem: Gerade im Bereich der Architektur ist die Gefahr groß, dass optische Lösungen, die Analogien zu Naturphänomenen aufweisen, als bionische Konzepte gefeiert werden, obgleich sie keine der eigentlichen Leitideen wie Nachhaltigkeit, Form- und Materialeffizienz oder dynamische Bauelemente umsetzen. Der legendäre Architekt Frei Otto, der 2015 wenige Wochen nach seinem Tod mit dem Pritzker-Preis als renommiertestem Architekturpreis geehrt wurde, notierte diesbezüglich noch in den 1960er-Jahren: „So oft wurde gesagt und geschrieben, die Vorbilder der Natur hätten die Baumeister vergangener Zeiten beflügelt. Wir konnten beweisen, dass die Architektur bis heute zumeist ein Gegner der Natur (mit

▲ *Ursprünglich sollte das Dach nach den Olympischen Spielen demontiert werden, aber das überaus positive Echo auf die architektonische Leistung veranlasste die Stadt München, es stehen zu lassen. Heute gilt der Olympia-park in München als das wichtigste Denkmal der Nachkriegsarchitektur in Deutschland.*

Ausnahme der menschlichen) war. (...) Die bis dahin geübten wissenschaftlichen Methoden der Bionik waren einseitig, unzureichend und erschöpften sich in Trivialanalogien."

Wenn das Münchner Olympiadach von 1972 – einer der bekanntesten Entwürfe Frei Ottos – heute als Musterbeispiel bionischer Baulösungen angeführt wird, da es augenscheinlich Spinnennetze imitiert, ist der Vorwurf einer „Trivialanalogie" sicherlich übertrieben, doch so filigran, leicht und kunstvoll die Dachkonstruktion auch aussehen mag – als Aushängeschild für Baubionik eignet sie sich nur bedingt. Zum einen bemängelte Otto selber, dass die Konstruktion nicht zuletzt aufgrund der Bedenken einiger skeptischer Ingenieure hinsichtlich der Stabilität an vielen Stellen zusätzlich verstärkt wurde und damit mehr Baustoffe beanspruchte, als in den Ursprungsplänen vorgesehen war und nötig gewesen wäre. Zum anderen orientierte sich Otto zusammen mit seinem Team nicht an den kunstvollen Netzen von Spinnen, um die ideale Konstruktion zu entwickeln, sondern im Wesentlichen an Seifenblasenhäuten. Unzählige Drahtgestelle unterschiedlicher Form und Struktur wurden im Laufe der Projektentwicklung in Seifenlauge getaucht. Mit diesem ebenso einfachen wie genialen Verfahren konnte das Team ohne komplizierte Rechen-

vorgänge erfassen, wie Oberflächen bei den jeweiligen Grundstrukturen beschaffen sein müssen, um den Anspruch an Minimalflächen einerseits und Stabilität andererseits zu gewährleisten. Zu welch faszinierenden Resultaten der von Otto vorangetriebene Leichtbau jedoch in der Lage ist, zeigt eindrucksvoll die Voliere im Tierpark Hellabrunn, bei der Frei Otto als Gründer des Instituts für leichte Flächentragwerke beratend zur Seite stand. Hier legt sich die 6500 Quadratmeter große Dachkonstruktion tatsächlich wie ein Spinnennetz über die darunterliegenden Bäume und schafft eine imposante bionische Schutzhülle.

Eine weitere Sportstätte ist zum Aushängeschild der Baubionik geworden, doch auch hier ist es die reine Optik, die das Objekt

Ebenfalls eher der Kategorie visueller Bionik zuzuordnen sind Bauten wie das Olympiastadion in Peking, das sich zwar rein formal von der Natur inspiriert zeigt, jedoch allein schon durch den enormen Materialaufwand den Prinzipien der Natur im Kern widerspricht.

wie eine bionische Lösung aussehen lässt – das Olympiastadion in Peking. Es trug seinen Spitznamen „Vogelnest" noch bevor der Bau fertiggestellt war. Tatsächlich erinnern die ineinander verschlungenen Träger der Außenhülle an ein Vogelnest, doch weder stand beim Entwurf die Natur Pate, noch kann man im Hinblick auf die verbauten Rohstoffe von einem rohstoffeinsparenden Verfahren sprechen: Mehr als 50 000 Tonnen Stahl sind allein in den wuchtigen Stahlträgern der Außenhaut verbaut. Hier wird, wie der Architekt und Baubioniker Dieter Leukefeld zu Recht kritisiert, die Optik durch einen hohen konstruktiven Materialaufwand erkauft – und dies steht in deutlichem Widerspruch zu einem der Grundprinzipien der Natur.

Tatsache ist: Oftmals springen bionische Gestaltungs- und Konstruktionskonzepte dem Betrachter gar nicht als solche ins Auge. Kein Gebäude dieser Welt schöpft alle bisher bekannten Möglichkeiten bionischer Lösungen vollständig aus. Die Gründe dafür sind vielfältig: Unverhältnismäßig hohe Baukosten, unausgereifte Materialentwicklung oder fehlender Mut der Bauherren sorgen dafür, dass Modelle eines zukunftsorientierten und konsequent nachhaltigen Wohnens und Arbeitens bislang meist nicht über die Stufe der gedanklichen Entwicklung hinausgehen.

Zwar finden bionische Lösungen gegenwärtig auch im Bauwesen immer mehr Anhänger. Doch jetzt kommt es darauf an, dass diese die theoretische Ebene verlassen, sich als praxistauglich erweisen und die zukünftige Architektur um Strukturen, Formen und Materialien bereichern. Wie groß diese Hürde sein kann, zeigt exemplarisch das Beispiel von Achim Menges, der als einer der visionärsten Architekten der Baubionik gefeiert wird. Seine Werke sind inspiriert von Hummern, Wasserspinnen, Seeigeln oder Fichtenzapfen. Mit seinem „HygroScope", einem wabenartigen Objekt, das sich nach Vorbild des Fichtenzapfens je nach Luftfeuchtigkeit selbstständig öffnet und schließt, erregte er großes Aufsehen, und seit 2012 zählt das Objekt zur ständigen Sammlung des Centre Pompidou in Paris. 2015 erhielt er den Kunstpreis Berlin in der Sparte Baukunst, zudem plant das Deutsche Architekturmuseum eine Ausstellung zum Werk Menges. Die Kreativität und Kunstfertigkeit der naturinspirierten Bauten sind demnach unbestritten, doch bislang fanden die Ideen ihre Umsetzung lediglich in Pavillons oder Modellen. Angesichts der schlechten Ressourcen- und Energiebilanz der Baubranche bleibt zu hoffen, dass sich bionisches Bauen jenseits der Kunstwelt etabliert und zukunftsfähige, praktisch umsetzbare Lösungen entwickelt.

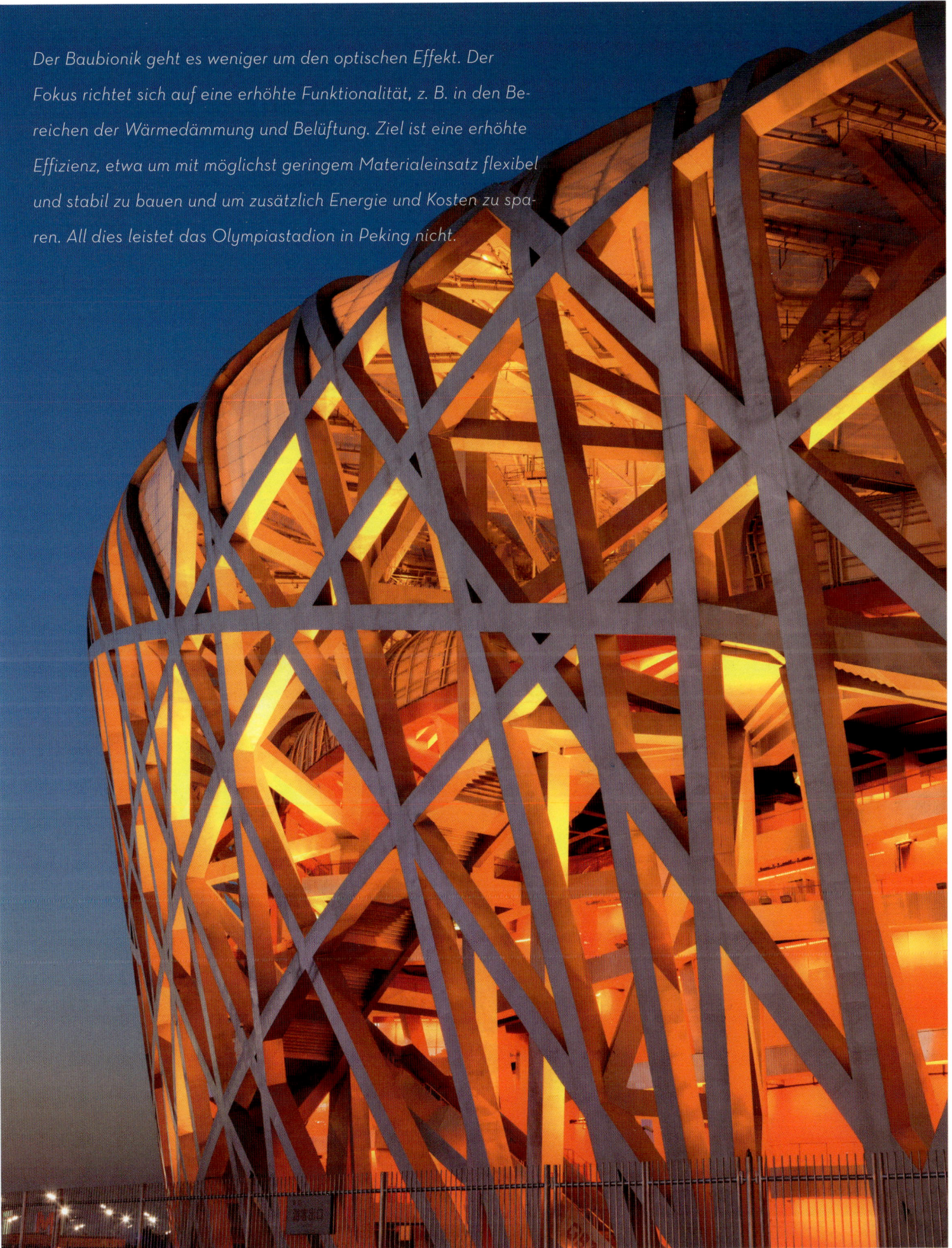

Der Baubionik geht es weniger um den optischen Effekt. Der Fokus richtet sich auf eine erhöhte Funktionalität, z. B. in den Bereichen der Wärmedämmung und Belüftung. Ziel ist eine erhöhte Effizienz, etwa um mit möglichst geringem Materialeinsatz flexibel und stabil zu bauen und um zusätzlich Energie und Kosten zu sparen. All dies leistet das Olympiastadion in Peking nicht.

DIE ANFÄNGE BIONISCHER KONZEPTE IN DER ARCHITEKTUR

Pier Luigi Nervi, der sich nicht nur mit der einprägsamen Decken-konstruktion im Palazzo del Lavoro in Turin ein Denkmal setzte, studierte zahlreiche natürliche Strukturen und setzte diese in seinen Bauwerken um.

„Zurück zur Natur" ist ein Slogan, der für immer mehr Lebensbereiche ausgerufen wird. In vielen Fällen ist die Rückbesinnung auf dieses Credo gleichermaßen sinnvoll wie praktikabel; im Fall der Architektur sind dem Konzept jedoch klare Grenzen gesetzt.

Die ausschließliche Verwendung natürlicher Baumaterialien wie Holz, Tierhäute oder Knochen, die vor etwa 10 000 Jahren um Lehm, Steine oder Adobe (siehe Exkurs S. 170) ergänzt wurden, mögen ökologisch sinnvoll sein. Doch diese Bauweisen sind nur in einer gewissen Größenordnung umsetzbar und lassen sich zudem nur schwer mit unseren heutigen Erwartungen im Hinblick auf Komfort, Sicherheit und moderne Wohnformen in Einklang bringen. Vor diesem Hintergrund kann das Aufkommen einer bionischen Architektur seit dem Ende des 19. Jahrhunderts nicht nur als Nachhaltigkeitsoffensive, sondern auch als Ausdruck eines unbändigen Gestaltungs- und Formwillens betrachtet werden, bei dem die Chance, neue Strukturen auf der Grundlage natürlicher Vorbilder zu schaffen, der Kreativität ganz neue Türen öffnete.

Einer der berühmtesten Pioniere auf dem Gebiet der Baubionik ist Sir Joseph Paxton (1803–1865). Paxton gewann in seiner Tätigkeit als Gärtner das Vertrauen des Herzogs von Devonshire, der ihn zunächst zum Obergärtner und später zum Verwalter seiner Ländereien ernannte. 1844 wurde hier ein neuer See angelegt, bei dessen Bepflanzung Paxton auch auf seltene Pflanzenarten zurückgriff, so zum Beispiel auf *Victoria amazonica*, eine Riesenseerose aus dem Amazonas-Gebiet, die wenige Jahre zuvor von dem Forschungsreisenden Robert Hermann Schomburgk entdeckt worden war. Das auf dem Wasser schwimmende Blatt der *Victoria amazonica* nimmt mit einem Durchmesser von bis zu 2,5 Metern imposante Ausmaße an, doch das wirklich Beachtenswerte der Pflanze befindet sich auf der Blattunterseite. Zahlreiche strahlenförmig verlaufende und mit Stacheln versehene Rippen samt Querstreben bilden ein tragfähiges Netz, mit dessen Hilfe das

Riesenseerosenblatt ein Gewicht von bis zu 60 Kilogramm problemlos tragen kann – und das bei einer Blattdicke von nur 2 Millimetern.

Man kann sich die Begeisterung der Europäer, die dieser exotischen Pflanze ansichtig wurden, nur zu gut vorstellen – und das umso mehr, da Paxton die Tragfähigkeit des natürlichen Verstrebungssystems auf beeindruckende Weise unter Beweis stellte, indem er seine kleine Tochter auf eines der Blätter setzte, ohne dass sich das Blatt verbog oder unterging. Bis heute ist es allerdings nicht einwandfrei geklärt, ob das Stützträgersystem

▼ *Ein Blatt der* Victoria amazonica *(links), einer Seerosenart, die im Amazonasgebiet wächst. Die Blätter tragen leicht ein Gewicht von bis zu 60 Kilogramm. Die Querverstrebungen in der Pflanze schaute sich der Architekt Sir Joseph Paxton Anfang des 20. Jahrhunderts ab und ließ vermutlich nach deren Vorbild den Crystal Palace (rechts) in London erbauen.*

BAUEN MIT ADOBE

Mit 225 verschiedenen Arten sind die Töpfervögel eine artenreiche Familie der Sperlingsvögel. Die rostbraun-grauen Vögel sind in Mittel-, vorwiegend jedoch in Südamerika beheimatet, wobei *Furnarius rufus*, der Rosttöpfer, eine besondere Popularität genießt. Grund ist sein auffälliger Nestbau, der dem Familiennamen Töpfervogel alle Ehre macht. Beide Elternteile des Furnarius rufus fliegen rund 1500 Mal aus, um feuchten Lehm und trockene Pflanzenfasern zu sammeln, die sie zu einem soliden Baustoff – Adobe genannt – vermischen. Nach und nach entsteht ein 3 bis 5 Kilogramm schweres und nahezu kugelförmiges Nest, das in der Sonne zu einem stabilen Bau aushärtet.

Eine ganz ähnliche Konstruktionsweise zeigen Eumenes, Töpferwespen. Auch sie suchen lehmige Bodenstellen auf, schaben das natürliche Baumaterial ab und kneten es unter Verwendung von Speichelsekret durch. Zusätzliche Naturfasern wie Gräser verleihen dem Baustoff erhöhte Stabilität. Die runden Brutzellen mit einer kleinen Öffnung nach oben entstehen, indem sich die Wespe kreisförmig um den entstehenden Bau bewegt und ständig neues Material anlagert. In der Produktion von Tonkrügen,

die eine große Ähnlichkeit mit den Naturbauten aufweisen, übernehmen dies heute Töpferscheiben. In jede Brutzelle wird jeweils ein Ei gelegt. Damit die nach wenigen Tagen schlüpfende Larve mit Nahrung versorgt ist, wird die Brutzelle zudem mit vorher betäubten Beutetieren gefüllt. Obgleich die Wespe zum Abschluss ihrer Bautätigkeit auch die Öffnung mit Adobe verschließt, ersticken Raupe und Beutetiere nicht. Dafür sorgt das natürliche Klimatisierungssystem des Baus. Auffällig dicke Außenwände zeichnen die Nester aus. Dank ihrer findet ein perfekter Wärme-Kälte-Austausch statt – ein Umstand, den sich bereits frühe, in Trockenregionen beheimatete Kulturen vor mehr als 10 000 Jahren zu eigen machten. Davon zeugen noch heute zahlreiche verschiedene Bauten in Afrika, Amerika und Europa.

Die größte historische Adobe-Stadt ist Chan Chan. An der peruanischen Pazifikküste gelegen, war sie einst die bis zu 60 000 Einwohner umfassende Hauptstadt des Chimú-Reichs. Ein Blick auf die Ruinen, die vermutlich aus der Zeit um 1300 datieren, zeigt, dass sämtliche Gebäude aus Adobe errichtet wurden, eben jener mit Naturfasern versehenen Lehmmasse, die in dem trocken-heißen Klima dank ihres großen Wärmespeichervermögens eine perfekte Temperierung der Wohnhäuser garantierte: In den Stunden der intensiven Sonnenstrahlung nehmen die dicken Lehmwände die Wärme auf und geben sie nachts, wenn die Außentemperaturen fallen, an die Umgebung – und damit auch in die Wohnräume – wieder ab. Darüber hinaus wirkt Adobe feuchtigkeitsregulierend: Feuchte Innenraumluft kann nach außen diffundieren, umgekehrt geben die Wände bei trockener Luft Feuchtigkeit in die Innenräume ab.

Aufgrund der hohen Anfälligkeit gegenüber Nässe, bei der sich Adobe wieder verflüssigen kann, sind Lehmbauten dieser Art nur in Regionen mit trockenem und heißem Klima ratsam. Doch dort findet der Baustoff immer mehr Anhänger. Bekanntes Beispiel ist die Kleinstadt Sedona im nördlichen Arizona. Inmitten der dramatisch-schönen Landschaft der Red Rocks entstanden in den letzten Jahren zahlreiche Lehmbauten mit unterschiedlichsten Architekturstilen, die der Stadt den Beinamen „Adobe Village" einbrachten. Welche Kunstfertigkeit den historischen wie zeitgenössischen Adobe-Bauten zugrunde liegen kann, zeigen eindrucksvoll die Zitadelle von Bam im Iran, die bei dem verheerenden Erdbeben von 2003 leider zu großen Teilen zerstört wurde, oder der königliche Palast Dar al-Hajar in Wadi Dhar im Jemen.

◀ *Die Zitadelle in der iranischen Stadt Bam ist eines der eindrücklichsten Beispiele für das Bauen mit Adobe – einer mit Naturfasern versehenen Lehmmasse. Bei einem Erdbeben von 2003 wurden große Teile der Festungsanlage zerstört.*

aus strahlenförmigen und konzentrischen Rippen tatsächlich zum direkten Vorbild für Paxtons berühmtestes Bauwerk wurde: den Crystal Palace, der 1851 im Zuge der ersten Weltausstellung in London für das Publikum freigegeben wurde. Schon Jahre zuvor hatte sich Paxton mit der Planung von Wintergärten beschäftigt, doch die spektakuläre Kuppelkonstruktion des Ausstellungsgebäudes sprengte alle bis dahin gängigen Maßstäbe. Der 563 mal 137 Meter große Palast aus Gusseisen und Stahl konnte dank einer revolutionären Modulbauweise innerhalb von nur 17 Wochen errichtet werden. Überragt wurde er von dem 20 Meter hohen Tonnendach, das drei imposante Ulmen des Hyde Park mit einschloss und dem Crystal Palace einen ganz eigenen Charme der Naturnähe verlieh.

Betrachtet man historische Fotografien des im Jahre 1936 durch einen Brand vollständig zerstörten Glaspalastes, so weisen Konstruktionselemente deutliche Analogien zur Riesenseerose als natürlichem Vorbild auf, so zum Beispiel die Fronten des gläsernen Tonnendachs, dessen Tragbalken dem System aus radialen und konzentrischen Blattrippen entsprechen. Ansonsten besitzt die Dachkonstruktion – und auch diese Bauweise war zu dem damaligen Zeitpunkt revolutionär – ein integriertes Ablaufsystem. Wo

sich bei der Pflanze konzentrische Querrippen befinden, waren in der Dachkonstruktion Trägerbalken mit integrierten Rinnen unterspannt, über die Regen- und Kondenswasser ablaufen konnte. Auch wenn das Gebäude gewisse Schwachstellen aufwies – Überhitzung der Ausstellungshalle bei zu langer Sonneneinstrahlung, Sprünge im Glas durch das hitzebedingte Ausdehnen von Baumaterialien oder undichte Stellen im Glasdach –, begeisterte die Konstruktion von Joseph Paxton mehr als sechs Millionen Besucher.

Dafür sorgten nicht zuletzt die bis dahin ungekannten Dimensionen des Gebäudes, die das Resultat eines beeindruckenden Trägersystems sind, für welches die Riesenseerose aus dem Amazonas ein perfektes Vorbild geliefert haben mag.

Kein anderer Eindruck mag sich Besuchern des King's Cross in London ergeben, wenn sie die pünktlich zu den Olympischen Sommerspielen 2012 errichtete Schalterhalle des Bahnhofs betreten, denn hier schwingt sich

▲ *Die skulpturale Stahlfachwerkstütze in der Schalterhalle des King's Cross in London, die je nach Beleuchtung dramatisch in Szene gesetzt werden kann, erinnert in ihrer Struktur an die Amazonasseerose.*

ein halbkreisförmiges Stahl- und Glasdach mit 130 Metern Durchmesser bis zu einer Höhe von 20 Metern auf. Eine weiße Stahlfachwerkstütze ist ein wesentliches Trägerelement für die monumentale Dachkonstruktion, die mit ihrem verästelten System aus Dreiecken und Rauten eine geradezu skulpturale Anmutung erhält und unweigerlich an die beeindruckende Struktur der Amazonasseerose denken lässt.

Richard Buckminster Fuller (1895–1983) ist ein weiterer Architekt, der sich mit seinen geodätischen Domen – freitragenden Kuppelbauten – unauslöschlich in die Geschichte naturinspirierter Architektur eingeschrieben hat. Der umtriebige, unermüdlich forschende US-Amerikaner gilt als der Erste, der biologische Wirkungsmechanismen auf die Architektur übertrug. Dabei erschien ihm das Material- und Energieeffizienz-Konzept, nach dem die Natur alles baut, entscheidend. „Doing more with less" war einer der Kernthesen seiner auf Materialminimierung ausgerichteten Theorie der sogenannten Ephemeralization. Dieses Prinzip hat er bei seinen futuristisch anmutenden Kuppeln umgesetzt, indem er sich unter anderem der folgenden mathematischen Regel besann: Verdoppele ich den Durchmesser einer Kugel, vervierfacht sich zwar die Oberfläche, also die mit Baumaterialien zu errichtende Außenhülle, doch dies geschieht zugunsten eines achtfachen Gewinns an Volumen und damit von potenziellem Lebensraum.

◀ *Auf der Suche nach einer materialminimierten Bauweise gelangte Buckminster Fuller zu den geodätischen Kuppeln, deren berühmtestes Beispiel der Pavillon für die Expo 67 in Montreal ist.*

„DOING MORE WITH LESS."

Richard Buckminster Fuller

Berühmtestes Beispiel dieser materialminimierten Bauweise ist die geodätische Kuppel, die Buckminster Fuller als amerikanischen Pavillon für die „Expo 67" in Montreal entwarf. Die in Elementbauweise errichtete Außenhülle – ein Netz aus Dreiecken, in das Acrylglas eingefasst wurde – nahm nur ein Fünftel des Materials in Anspruch, den ein konventionell errichtetes Gebäude mit demselben Volumen benötigt hätte. Hier, in der Entwicklung eines Gebäudes nach dem Prinzip des „doing more with less", liegt das eigentliche Verdienst Buckminster Fullers und es macht ihn zu einem Vordenker der Baubio-

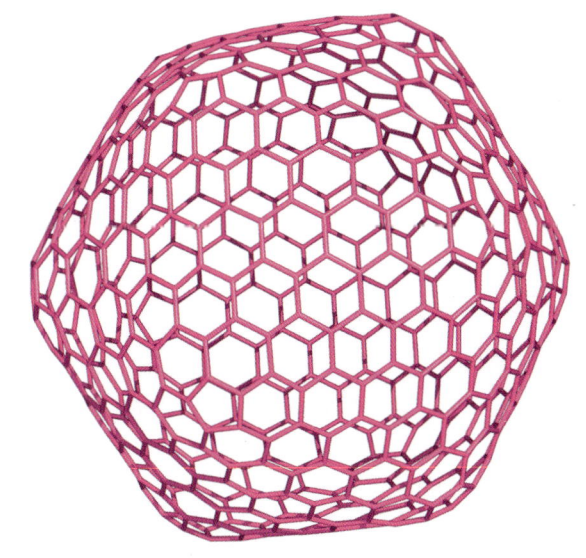

◀ *Kieselalgen lassen sich mit bloßem Auge nicht erkennen. Aber es lohnt sich, sie unter dem Mikroskop anzuschauen. Im Lauf der Jahrmillionen, die sie bereits die Erde bevölkern, haben Kieselalgen ihre Silikatschalen so weit optimiert, dass sie trotz des geringen Materialeinsatzes außerordentlich stabil sind.*

nik, indem er das Grundmerkmal natürlichen Bauens – so wenig wie möglich, so viel wie nötig – umzusetzen versuchte.

Fuller selbst hat nie bestätigt, dass seine geodätischen Kuppeln ein direktes Resultat der Beschäftigung mit Kieselalgen (s. Kapitel Leichtbau) seien. Tatsache ist jedoch, dass sowohl Buckminster Fuller als auch Frei Otto Kontakte zu dem Biologen Johann-Gerhard Helmcke pflegten, der in den 1960er-Jahren eine Arbeitsgruppe für Mikromorphologie leitete und in dieser unter anderem Kieselalgen elektronenmikroskopisch untersuchte. Die beiden Architekten müssen begeistert von diesen Aufnahmen gewesen sein, boten sie doch als Vorlagen für technische Tragwerke einen unermesslichen Ideenreichtum. Und so scheinen die Analogien zwischen Fullers Architektur und bestimmten Pflanzen, Einzellern und sogenannten Fullerenen – kugelförmige Moleküle, von denen das aus 20 Sechsringen und 12 Fünfringen aufgebaute „Fußball"- beziehungsweise „Buckminster-Fulleren" das bekannteste ist – offensichtlich.

Tatsache ist jedoch auch, dass die Fullerene erst in den 1970er-Jahren beschrieben wurden, also nachdem Fuller sich mit der geodätischen Kuppel auf der Expo 67 bereits einen sicheren Platz in der Architekturgeschichte gesichert hatte. Anzunehmen, Fullerene hätten als direktes Vorbild für die beeindruckenden Kuppelbauten gedient, würde also den historischen Ablauf umkehren. Und dennoch fand Buckminster Fuller ohne jeden Zweifel in der Natur eine unerschöpfliche Inspirationsquelle. Dass seine Konstruktionsmuster ihre Entsprechung in natürlichen Mustern finden, bestätigen seine Gebäude im Hinblick auf ihre Materialeffizienz und Stabilität und weisen den berühmten Architekten als Wegbereiter bionischen Bauens aus.

Es gibt weitere Beispiele „historischer" Konstruktionen, bei denen sich bionische Ansätze ausmachen lassen. Zu den bekanntesten zählt der Eiffelturm. Das weltberühmte Wahrzeichen von Paris ist zwar untrennbar mit dem Namen Gustave Eiffel als Bauherrn verbunden, tatsächlich jedoch waren es die

Ingenieure Maurice Koechlin und Émile Nouguier, die für den über 300 Meter hohen Metallmast den entscheidenden Entwurf lieferten, dessen Nutzungsrechte Eiffel erwarb. Von Maurice Koechlin ist bekannt, dass er sich seit den 1870er-Jahren mit der Anatomie des menschlichen Oberschenkelknochens befasste, genauer gesagt mit der Anordnung der Knochenbälkchen, die dem Verlauf der Kräftelinien (Hauptspannungsrichtungen) folgen und den Knochen genau an den Stellen stabilisieren, wo Belastungen auf ihn einwirken. Im Eiffelturm findet sich dieses äußerst stabile und widerstandsfähige Bauprinzip der Natur wieder. Entstanden ist ein 324 Meter hohes schmiedeeisernes Wahrzeichen, bei dem mit minimiertem Materialeinsatz ein Maximum an Stabilität und Höhe erreicht wird.

Auch der italienische Bauingenieur Pier Luigi Nervi (1891–1979) nutzte die Erkenntnisse über Knochengewebestruktur für seine Entwürfe. Davon zeugt in besonderer Weise die 1951 errichtete Gatti-Wollfabrik mit einer Deckenkonstruktion nach dem Vorbild isostatischer Rippen, bei denen also alle Trägerelemente denselben mechanischen Belastungen ausgesetzt sind und Material nur dort eingesetzt wird, wo Zug oder Druck vorliegen. Diese gleichermaßen effiziente wie

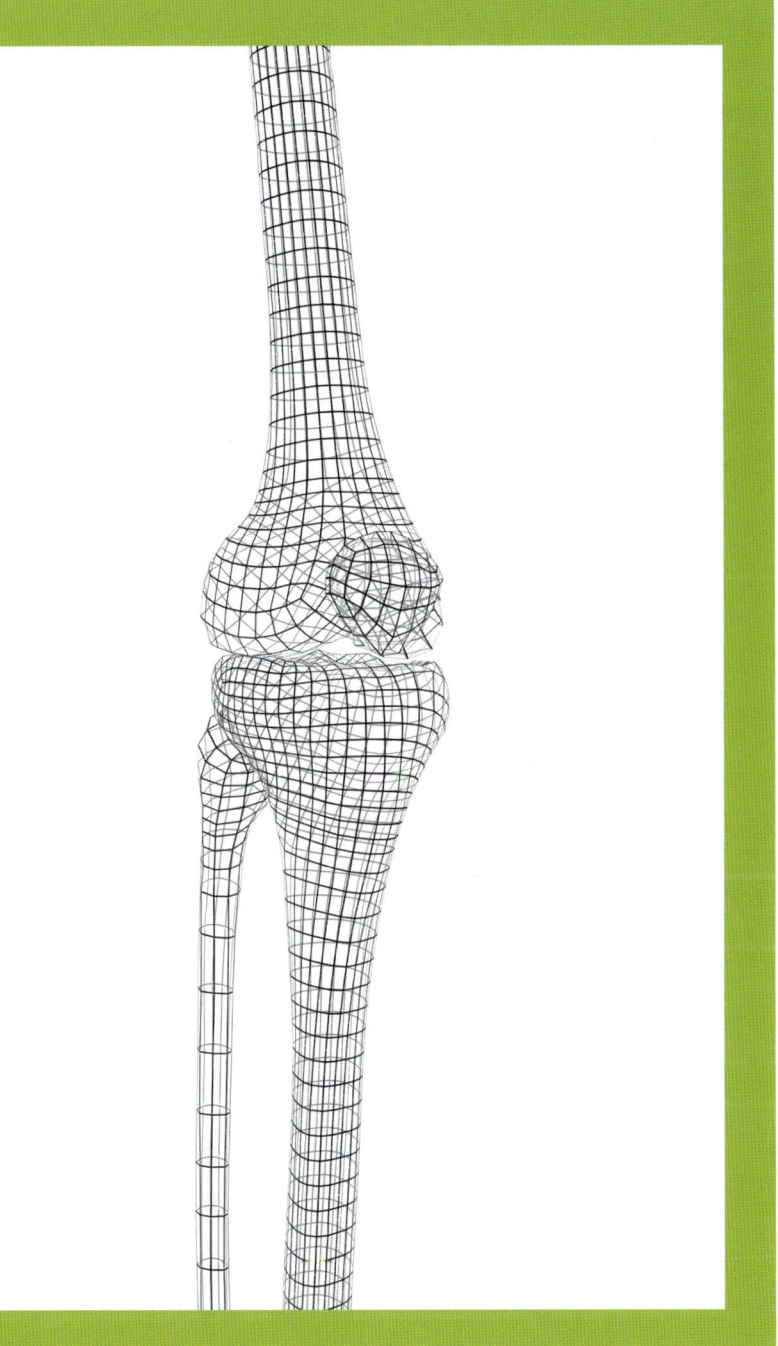

stabile Bauweise findet sich ebenso im Alten Zoologiehörsaal der Universität Freiburg, für den der Architekt Hans-Dieter Hecker verantwortlich zeichnet.

Jedes der aufgeführten Gebäude ist ein Beispiel dafür, dass die Suche nach Optimierungsmöglichkeiten von Gebäuden einige Architekten bereits vor etlichen Jahrzehnten zur Natur führte. Mittlerweile ist die Baubionik eine viel beachtete Disziplin innerhalb der Architektur, bei der sich unterschiedliche Forschungs- und Interessenschwerpunkte ausmachen lassen.

▲ *Der Eiffelturm gehört zu den spektakulärsten Bauwerken der Architekturgeschichte. Dass man ein so hohes Bauwerk aus Stahl errichten kann, ist einer Baumaschine zu verdanken, die ebenfalls im 19. Jahrhundert erfunden wurde – dem Kran. Sowohl der Kran als auch der Eiffelturm hatten ein natürliches Vorbild – den Oberschenkelknochen.*

KLIMATISIERUNG UND BELÜFTUNG

Wenn der Golfstaat Katar seit Jahren die Speerspitze im weltweiten Verbrauch von Primärenergie bildet, so ist dies zuallererst einem landesweiten Klimakonzept geschuldet, das im wahrsten Sinne des Wortes haarsträubend ist.

Klimaanlagen in den Gebäuden des Golfstaates laufen meist rund um die Uhr, kühlen die Räume auf unter 20 Grad, verbrauchen dabei Unmengen an Energie und sind maßgeblich an der verheerenden CO_2-Bilanz beteiligt. Bis 2018 soll der landesweite Energiebedarf zu 16 Prozent mit Solarstrom abgedeckt werden – eine Maßnahme, die in einem Land mit 350 Sonnentagen im Jahr durchaus sinnvoll erscheint –, doch die Umsetzung dieses Ziels erfolgt bislang mehr als zögerlich, denn Gas und Öl sind günstig.

Das Problem mangelhafter Energiekonzepte teilt Katar mit nahezu allen Ländern der industrialisierten Welt. Sinnvolle Klimakonzepte sind bei der Planung von Wohnhäusern und Bürogebäuden so lange vernachlässigt worden, bis empfindliche Preissteigerungen für Öl und Gas den Ruf nach Einsparungspotenzialen laut werden ließen. Nun richten Architekten auf der Suche nach effizienten Lösungen ihren Blick auch auf die Natur – und finden dort vielversprechende Anregungen, so zum Beispiel bei den Nestern von Ameisen und Termiten, die sich als geniale Baumeister erweisen.

LÜFTUNGSSYSTEME IN TERMITENBAUTEN

Die enorme Leistung der Termiten als Bauingenieure wird bereits bei den imposanten Hügeln der Kompasstermiten deutlich, die in Australien heimisch sind. In Regionen mit derart intensiver und langer Sonneneinstrahlung ist die Gefahr einer Überhitzung des geschlossenen Baus elementar, doch die Kompasstermite begegnet diesem Problem bereits mit der Ausrichtung des Hügels. Die bis zu 4 Meter hohen Bauten sind extrem schmal gehalten und folgen in ihrer Längsachse exakt der Nord-Süd-Ausrichtung. Somit fällt die kühlere Morgen- und Abendsonne auf die breite Seite des Baus, während in den Stunden maximaler Sonnenintensität nur die Schmalseite beschienen wird. Eine beeindruckende Konzeption, doch die wahre Ingenieursleistung von Termiten und Ameisen offenbart sich im Inneren der Bauten.

▼ *Die Skyline von Doha, Katar, in der Abenddämmerung. 350 Sonnentagen im Jahr zum Trotz bezieht das Emirat an der Ostküste der Arabischen Halbinsel am Persischen Golf den weitaus größten Teil seines Energiebedarfs aus Öl und Gas und nicht aus Solarquellen.*

Das Überleben eines aus Millionen Individuen bestehenden Termitenstaats hängt maßgeblich von der Belüftung des Nests ab, denn die im Bau befindlichen Pilzgärten als primäre Nahrungsquelle müssen exakt auf 30,5 Celsius gehalten werden – eine enorme Herausforderung angesichts von Außentemperaturen, die um mehr als 30 Grad Celsius schwanken. Und wie in menschlichen Behausungen muss Kohlenstoffdioxid abtransportiert und Sauerstoff hinzugeführt werden. Manche Termiten- und Ameisenarten haben zur Lösung des Problems ein Bausystem entwickelt, das Vorbild für menschliche Behausungen sein kann. Das Prinzip: Erwärmte Luft, insbesondere diejenige aus dem Bereich der Pilzgärten mit ihrer hohen Gärungswärme, steigt nach oben und zieht kühle und feuchte Luft aus den unteren Bereichen mit nach oben. Am Scheitelpunkt des internen Belüftungssystems weist die verbrauchte Luft eine Temperatur von etwa 29,5 Grad Celsius und einen Kohlenstoffdioxidanteil von knapp 3 Prozent auf. Von hier fließt sie über Hohlrippen seitwärts in Lüftungsröhren, kühlt ab und sinkt wieder bis in die Kellergewölbe des Baus ab. Während dieses Vorgangs wird über Mikroporen in der Außenwand des Termitenbaus Sauerstoff hinzugeführt und Kohlenstoffdioxid abgeführt, sodass die Luft an der Basis um 5 Grad auf 24,4 Grad Celsius abgekühlt ist und nur noch einen Kohlenstoffdioxidanteil von

0,8 Prozent aufweist. Ein perfekter natürlicher Belüftungskreislauf, auf den die Tiere Einfluss nehmen können, indem sie Luftschächte öffnen oder verschließen.

Das energieeinsparende Potenzial einer integrierten Wand-Porenlüftung, wie sie in Termitenbauten vorliegt, ist beträchtlich, sodass bereits einige Gebäude mit diesem System ausgestattet wurden. Als Vorzeigeobjekt gilt das Eastgate Centre in Harare, Simbabwe, das 1996 als kombiniertes Einkaufs- und Bürogebäude eröffnet wurde. Von außen betrachtet fallen wuchtige Betonelemente, verhältnismäßig kleine, zurückgesetzte Fenster samt balkonartiger Vorbauten sowie die insgesamt 48 Schornsteine auf dem Dach auf. Das Herz des Eastgate Centre ist das Atrium, das die beiden Gebäudeblöcke miteinander verbindet und das bei

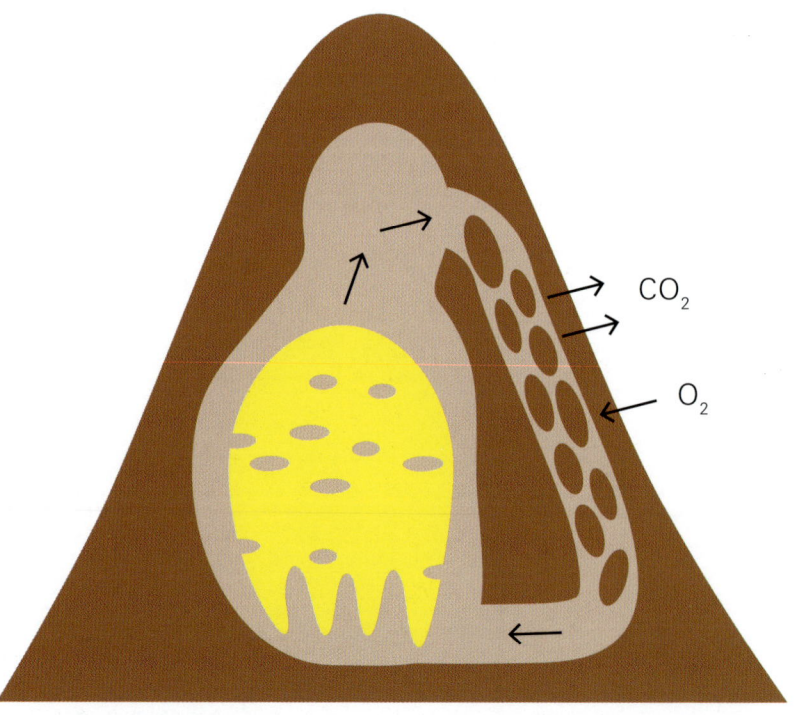

▲ *Auch das Portcullis House an der Londoner Westminster Bridge wurde mit dem System natürlicher Konvektion ausgestattet. Die mächtigen Schornsteine auf dem Dach hat es mit dem Eastgate Centre in Harare gemein.*

der natürlichen Konvektion eine entscheidende Rolle spielt, denn von hier wird kühle Luft in ein weit verzweigtes System aus Luftschächten gepumpt und schließlich über kleine Öffnungen in die einzelnen Räume des Komplexes befördert. Der eigentliche Wärme-Kälte-Austausch verläuft wie folgt: Im Verlauf des Tages wird die durch Sonne, Menschen und Maschinen generierte Wärme im Beton gespeichert, tritt abends, wenn die Außentemperaturen auf unter 10 Grad fallen, aus und gelangt über die Kamine nach außen, wobei mitunter kleinere Ventilatorenanlagen diesen Austauschprozess unterstützen. Im Verlauf der Nacht und in den frühen Morgenstunden strömt kalte Luft nach und temperiert die Räumlichkeiten auf eine Idealtemperatur. Dank dieses intelligenten, natürlichen Belüftungssystems wird in dem Gebäude eine mittlere Temperatur von konstant 23 bis 25 Grad erreicht – und das ohne den Einsatz von Heizungen oder Klimaanlagen. Einzig Ventilatoren werden zur Unterstützung eingesetzt, doch trotz dieser Maßnahme ist die ökonomische und ökologische Bilanz hervorragend: Im Vergleich zu konventionell mit Klimaanlagen ausgestatteten Gebäuden liegen beim Eastgate Centre die Kosten für die Errichtung des Belüftungssystems bei einem Zehntel, hinzu kommt eine Energieeinsparung von 35–45 Prozent, die allein in den ersten fünf Jahren über 3 Millionen Euro umfasste.

Nahezu zeitgleich mit dem Eastgate Centre in Harare wurden in England gleich drei aufsehenerregende Gebäude mit dem System natürlicher Konvektion ausgestattet: das Portcullis House an der Londoner Westminster Bridge in unmittelbarer Nähe zum Palace of Westminster, das Queen's Building der De Montfort University in Leicester sowie das Inland Revenue Centre von Nottingham, in dem die Steuerbehörde der Stadt ansässig ist. Während die ersten beiden Gebäude mit dem Eastgate Centre die Gemeinsamkeit markanter Kamine auf dem Dach besitzen, sind diese beim Revenue Centre durch sogenannte Thermal Tower ersetzt – gläserne Türme, die vom Erdgeschoss bis über das Dach reichen und gleichzeitig als Treppenhaus dienen. Durch Sonneneinstrahlung wird zunächst die Baumasse, dann die Luft in den Türmen erhitzt. Durch den thermischen Auftrieb steigt die erwärmte Luft auf, erzeugt einen Unterdruck, zieht damit kühlere Luft nach und entweicht schließlich über das Turmdach, das je nach Ventilationsbedarf mehr oder weniger geöffnet werden kann. Angesichts der positiven Energie- und Umweltbilanz dieser nach dem Termitenbauprinzip errichteten Gebäude ist es mehr als verwunderlich, dass die Anzahl von Häusern mit charakteristischen Lüftungskaminen nach wie vor so gering ist.

PRÄRIEHUNDE UND DIE NUTZUNG DES BERNOULLI-EFFEKTS

Eine andere Belüftungsstrategie findet man bei den in Nordamerika heimischen Präriehunden. Diese spezielle Gattung der Erdhörnchen richtet ihre Bauten in Form unterirdischer Höhlensysteme von beachtlichen Ausmaßen ein. Von den Gängen führen Abzweigungen in kleinere, mit Gras ausgelegte Höhlen, die als Nest- und Schlafkammer dienen. Lange Zeit gab die unterschiedliche Gestaltung der Ein- beziehungsweise Ausgänge Rätsel auf, bis man schließlich in der Baukonstruktion ein geniales System passiver Ventilation entdeck-

△ Eingangshalle des Londoner
Portcullis House (oben) und Blick
in einen der sogenannten Thermal
Tower des Revenue Centre in
Nottingham (rechts).

te. Präriehunde türmen das ausgehobene Material an dem einen
Eingang zu einem vulkankraterähnlichen Kegel auf, während der andere Zugang flacher angelegt wird und bis zu 3 Meter tiefer als die
„Schornsteinöffnung" liegt. Im Bereich des höher gelegenen Ein-
gangs besteht eine höhere Strömungsgeschwindigkeit und damit
ein geringerer statischer Druck. Dieser Unterdruck im Bereich des
Erdwalls sorgt dafür, dass verbrauchte Luft über diesen „Kamin"
aus dem Bau herausgesogen wird und sauerstoffreiche, kühlere
Luft über die andere Öffnung nachströmt. Diese induzierte Strömung,

die physikalisch betrachtet ein Beispiel für den sogenannten Bernoulli-Effekt ist, sorgt für eine zuverlässige Klimatisierung des Baus, und zwar unabhängig davon, aus welcher Richtung der Wind weht. Dafür sorgt die kreisrunde Öffnung des höher gelegenen Erdwalls. Beachtlich ist die Effektivität dieses Systems: Selbst bei geringen Windgeschwindigkeiten erfolgt der Austausch der Luft in den 10 bis 30 Meter langen Bauten innerhalb weniger Minuten.

In keiner Region der Welt finden sich mehr architektonische Beispiele für die Kunst des „Windeinfangens" als auf der Arabischen Halbinsel und im Iran, wo große Hitze am Tage, kalte Nächte, wenig Regen und trockene Luft das vorherrschende Klima darstellen. Schon vor vielen Jahrhunderten haben Baumeister eine Antwort auf diese extremen klimatischen Bedingungen gefunden, indem sie Wohnhäuser und Zisternen mit Windfängern – Bādgir oder Malqaf genannt – ausgestattet haben. Ein Blick über die Dächer iranischer Oasenstädte wie Na'in oder Yazd offenbart die ganze Vielfalt dieser Windtürme, die alle denselben Zweck erfüllen: die Temperierung und Klimatisierung von Räumen durch passive Ventilation – also ohne Strom verbrauchende Ventilatoren oder Klimaanlagen und damit ohne jeglichen Energieaufwand.

Während der Malqaf nur über eine, der Hauptwindrichtung zugewandte Öffnung verfügt, die zum Beispiel den kühlen Wind vom Meer einfängt, besitzen Bādgire senkrechte, individuell steuerbare Lüftungskanäle, die sich an den 4, 6 oder gar 8 Seiten des Windfängers befinden, sodass Wind aus jeder Himmelsrichtung genutzt werden kann. Die natürliche Klimatisierung des Gebäudes vollzieht sich dabei auf verschiedene Weise: In der einfachsten Variante umströmt Wind den Kamin und erzeugt an der windabgewandten Seite (Lee) einen Unterdruck, sodass die warme, verbrauchte Luft aus den Innenräumen des Gebäudes nach oben gesogen und über den Kamin nach außen abgeführt wird, während aus den untersten (Keller-)Räumen, die von der Erdkühle und Erdfeuchtigkeit profitieren, kältere und feuchte Luft nachströmt.

In komplexeren Varianten werden gleich mehrere physikalische Effekte genutzt: Staudruck, Unterdruck-Effekt und Verdunstungskälte. Luftströme erzeugen an der windzugewandten Seite der Kamine einen Staudruck, sodass kühle Luftströme in der Nacht durch Öffnen der entsprechenden Lüftungskanäle in den Bāgdir geleitet werden, dort aufgrund der niedrigeren Dichte bis in die Kellerräume absinken, während die Unterdruckwirkung an der windabgewandten Seite des Windturms für zusätzli-

▼ *Windtürme an einem unterirdischen*
Wasserspeicher im iranischen Na'in.

che Zirkulation sorgt und hier die warme Luft entweicht. Nicht selten wird dieses Prinzip mit dem Effekt der Verdunstungskälte gekoppelt. In der traditionellen persischen Bauweise sind Häuser oft mit horizontalen Brunnen verbunden, sogenannten Quanats, oder sie verfügen über Zisternen. Indem Luft durch die Windfänger beständig zirkuliert und damit über die Wasseroberfläche strömt, verdunstet mehr Flüssigkeit. Kühlung der Luft und eine angenehme Luftfeuchtigkeit sind die positiven Effekte dieser Maßnahme.

Trotz dieses geradezu genialen Prinzips natürlicher Temperierung und Klimatisierung von Räumen und Gebäuden haben stromfressende Klimaanlagen in den letzten Jahrzehnten immer häufiger Einzug in die Häuser gehalten. Doch es gibt auch gegenläufige Trends, bei denen sich Ingenieure und Architekten der jahrtausendealten Bauweise und Funktionalität der Windtürme und Windfänger besinnen und damit auf eine naturinspirierte und -erprobte Technik zurückgreifen.

GESTALTOPTIMIERTE LEICHTBAU- KONSTRUKTIONEN

Eines der größten Zukunftspotenziale im Bereich der Architektur liegt in Leichtbaukonstruktionen. Dabei zeigt uns ein Blick in die Natur, dass diese uns auch im Hinblick auf ressourcenschonende Lösungen um Längen voraus ist.

Bambus oder Pfeifengras sind fantastische Beispiele für die Stabilität von Hohlrohrstrukturen, Knochen weisen höchste Stabilität auf, obgleich sie mit Material äußerst sparsam umgehen, und Glasschwämme, Strahlentierchen oder Kieselalgen wiederum erweisen sich nicht nur als geniale Baumeister im Hinblick auf mögliche Außenhüllen, sondern lassen uns staunen angesichts ihrer Fähigkeit, aus den spärlichen Baustoffen, die ihnen die Tiefsee bietet, ein Baumaterial von höchster Stabilität zu erzeugen.

Was alle bionischen Vorbilder eint, ist ein Bauprinzip, das ebenso einfach wie effizient ist: maximal belastbare Strukturen bei minimalem Materialeinsatz. Wie kunstvoll sich diese Maxime umsetzen

Der in Leichtbauweise errichtete 600 Meter hohe

Canton Tower im chinesischen Guangzhou weist

hinsichtlich seiner Konstruktion Analogien zum

Glasschwamm Euplectella aspergillum auf.

lässt, bezeugen nicht nur temporär existierende Pavillons, wie sie etwa für die Expos errichtet werden. Bei immer mehr Gebäuden rund um den Globus lassen sich Tragwerke, Außenhüllen oder Gebäudeelemente ausmachen, die sich in der Umsetzung des Prinzips der Materialeffizienz auf Strukturen aus der Natur verlassen.

UNERREICHTES LEICHTBAUVORBILD – DER GLASSCHWAMM EUPLECTELLA ASPERGILLUM

Wenn die Rede von *Euplectella aspergillum* ist, geraten Bioniker unabhängig ihrer Fachrichtung ins Schwärmen. Die etwa 500 Arten umfassende Gruppe der Glasschwämme, zu denen der sogenannte Gießkannenschwamm *Euplectella aspergillum* zählt, mag für sich bereits bemerkenswert sein, denn immerhin bevölkern diese faszinierenden Lebewesen, die ganz ohne (Sinnes-)Organe, Nerven- oder Muskelzellen auskommen, die Weltmeere schon seit 540 Millionen Jahren und haben sich damit als klare „Gewinner" evolutionärer Prozesse durchgesetzt. Doch *Euplectella aspergillum*, der in Meerestiefen von 80 bis 5000 Metern zu finden ist, genießt unter allen Glasschwämmen eine besondere Aufmerksamkeit. Dafür sorgt nicht nur das Material seines Skeletts, sondern vor allem dessen Struktur, die Bioniker in ihren Bann zieht.

Wie alle Glasschwämme bildet auch der Gießkannenschwamm sein Skelett aus verschiedenartigen Nadeln aus, die als Spicula bezeichnet werden. Diese Spicula bestehen aus Siliziumdioxid, also Quarz, das in fast allen unseren heutigen Glasprodukten den Hauptbestandteil bildet (s. Kapitel Materialien). Angesichts der Tatsache, dass der Mensch die Massenware Glas nur über den Schritt der Schmelze, die wiederum große Mengen fossiler Energie verbraucht, bewerkstel-

▼ *Das Skelett eines Gießkannenschwamms.* Euplectella aspergillum *besteht aus drei Schichten sechsstrahliger Skelettnadeln sowie Fasern aus Quarz, die zu einer Gitterstruktur verschmelzen.*

ligen kann, stellt sich eine erste Frage. Wie ist es dem Glasschwamm in den Tiefen der Meere überhaupt möglich, ein derart stabiles Material wie Glas zu erzeugen? Trotz fehlender Hitzequellen produzieren Glasschwämme ein natürliches Glas, das unserem industriell gefertigten Glas weit überlegen ist, denn die haarfeinen Spicula sind nicht porös, sondern biegsam und damit auch stabiler. Wenn es Forschern gelänge, das Geheimnis der Glasschwämme zu entschlüsseln, wie sie aus natürlichen Baustoffen wie Kalk und Salzen, die sie aus dem Wasser filtern, höchst stabile Glasskelette herstellen, könnte eine neue Ära der Glasproduktion eingeläutet werden.

Die andere Fragestellung zielt auf die Struktur: Welche Eigenschaften sorgen dafür, dass das gläserne Skelett von *Euplectella aspergillum* nahezu unzerbrechlich ist – und das bei einem Minimum an Material und entsprechend geringem Gewicht? Zur Beantwortung dieser Frage haben sich Forscher eingehend mit dem Gießkannenschwamm befasst, die Struktur sowohl als Ganzes wie auch nanometergenau unter dem Elektronenmikroskop betrachtet. Ihre Erkenntnisse: Zum einen sind die Glasfasern in ihrem Innern aus Glaslamellen aufgebaut, die sich wie konzentrische Baumringe aneinanderschmiegen. Dadurch verliert das Naturglas seine Sprödigkeit, die der Stabilität entgegenwirkt. Zum anderen sind die Fasern auf mindestens sieben hierarchischen Ebenen und über unterschiedliche Längen miteinander verknüpft. So erweist sich das Skelett des Glasschwamms als ein äußerst stabiles und nahezu gleichmäßig angeordnetes Geflecht aus horizontalen, vertikalen und diagonalen Verbindungslinien.

Die Potenziale, die sich bei der Übertragung dieser Erkenntnisse auf den Bereich der Materialforschung oder Architektur ergeben, sind beträchtlich. So finden die Informationen bereits Eingang in die Entwicklung einer neuen Generation von Glasfaserkabeln, die dank einer an die Natur angepassten Struktur und Materialeigenschaft ihre größten Schwachpunkte verlieren könnten: die Herstellung unter hohem Energieaufwand und die Gefahr von Bruchstellen. In der Architektur könnte die Verstrebung der Glasfasern bei *Euplectella aspergillum* wiederum zum Vorbild für Gebäude werden, die sich durch einen geringen Materialeinsatz und hohe Stabilität auszeichnen würden. Es gibt bereits architektonische Beispiele, die eine große Analogie zum Glasschwamm aufweisen. Zu ihnen zählt der 180 Meter hohe, im Volksmund als „The Gherkin" (Gurke) benannte Wolkenkratzer in London, für den die Architekten Ken Shuttleworth und Sir Norman Foster verantwortlich zeichnen, oder der 600 Meter gen Himmel aufragende Canton Tower – ein Fernsehturm im chinesischen Guangzhou.

Die Struktur der Außenhülle mag filigran wirken, doch *Euplectella aspergillum* bezeugt aufs Eindrucksvollste, dass Verstrebungen nach bestimmten Bauprinzipien zu höchster Stabilität beitragen. Diesen Umstand nutzt ein Meeresbewohner geschickt für sich: Nicht selten suchen Garnelen der Art *Spongicola venusta* als Larven paarweise das Innere des Glasschwamms auf. Ein großes Nahrungsangebot

▶ *Leichtbauweise in der Architektur nach Vorbild des Gießkannenschwamms: der Canton Tower im chinesischen Guangzhou (oben) und der als „The Gherkin" bekannte Wolkenkratzer im Finanzbezirk der Londoner City (unten).*

lässt sie schnell wachsen, sodass die Tiere nach mehreren Häutungsprozessen zu groß zum Verlassen des gläsernen „Käfigs" sind. Was in Japan auch als „Gefängnis der Ehe" bezeichnet wird, bietet den Garnelen jedoch einen entscheidenden Vorteil: Dank der außerordentlichen Stabilität der Glasstruktur genießen die Tiere einen unerreichten Schutz vor Fressfeinden, die den Schutzkäfig nicht zerstören können. Der Preis dieser Schutzmaßnahme ist indes die lebenslange Gefangenschaft.

WO SICH KUNST UND MATERIALEFFIZIENZ VEREINEN — RADIOLARIEN UND DIATOMEEN

Es gibt weitere Meeresbewohner, die in den letzten Jahrzehnten verstärkt die Aufmerksamkeit von Bionikern auf sich gezogen haben. Die Rede ist von Diatomeen (Kieselalgen) und Radiolarien (Strahlentierchen). Im Gegensatz zu Gießkannenschwämmen mit ihrer Größe zwischen 10 und 150 Zentimetern sind diese bionischen Vorbilder mit dem bloßen Auge nicht wahrzunehmen, und dennoch bilden sie aufgrund ihres massenhaften Vorkommens – mehr als 50 Millionen Diatomeen können sich auf einem Quadratzentimeter eines in Wasserläufen befindlichen

Steins sammeln – einen maßgeblichen Anteil an der Biomasse-Produktion in den Weltmeeren und aquatischen Ökosystemen und sind damit ein unverzichtbarer Bestandteil der Nahrungskette.

Kieselalgen und Strahlentierchen verfügen wie Glasschwämme über ein Skelett aus Siliziumdioxid, das eine enorme Stabilität garantiert. Erst unter dem Rasterelektronenmikroskop wird zudem ersichtlich, dass es sich um äußerst kunstvolle Gehäuse unterschiedlichster Formgebung und Struktur handelt. Diatomeen bilden eine zweiteilige Hülle aus, wobei die eine Hälfte die andere wie bei einer Schach-

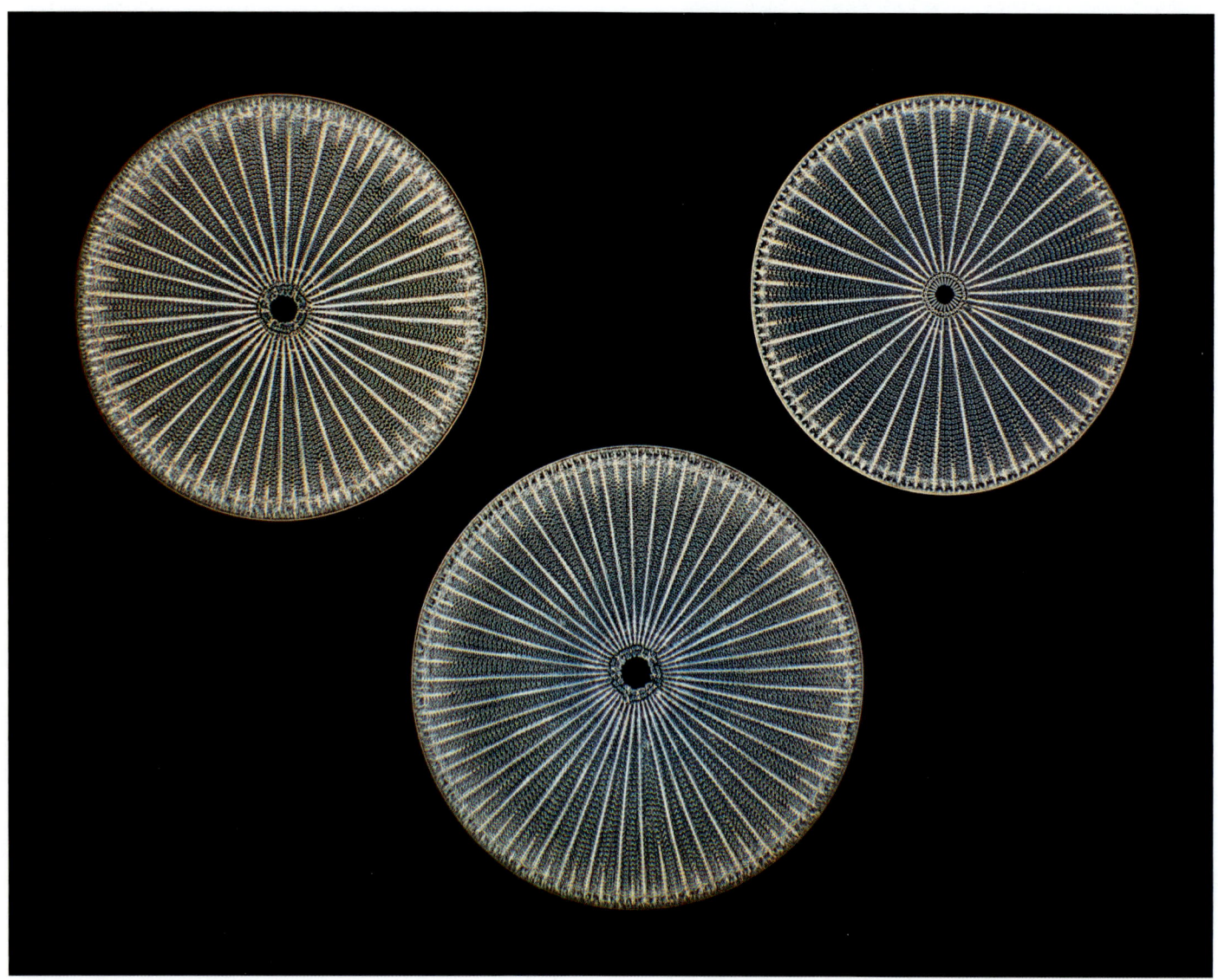

tel oder Petrischale überlappt. Bei genauer Betrachtung mit dem Elektronenmikroskop erkennt man, dass die Schalen faszinierende siebartige Strukturen aus Poren und Rillen ausbilden, wobei bis zu 3 Ebenen übereinander gelagert sein können. Dass sich Bioniker genau für diese Strukturen besonders interessieren, hat einen einfachen Grund: Kieselalgen und Strahlentierchen sind Meister im Bereich der Materialeffizienz. Die selbst erzeugten Werkstoffe sind kostbar, entsprechend sparsam werden sie eingesetzt. Überträgt man Strukturen dieser einzelligen Lebewesen auf Gebäude, kann man sicher sein, dass sie im Hinblick auf Materialeffizienz und Leichtbaulösungen perfekte Vorbilder liefern.

Im Bereich der Automobilindustrie wurden diese Anregungen bereits aufgegriffen und in Form einer neuartigen Aluleichtfelge umgesetzt, die zur Marktreife gelangt ist. Nun gilt es, die Erkenntnisse, die man aus der Erforschung der Kieselalgen und Strahlentierchen gewonnen hat, auf den Bereich der Architek-

◀ *Kieselalgen sind leicht und trotz eines nur geringen Materialeinsatzes äußerst stabil. Dies erklärt, weshalb Wissenschaftler und Ingenieure die unterschiedlichsten Formen der Kieselalgen unter dem Aspekt der technischen Verwertbarkeit untersuchen.*

„DIE NATUR SCHAFFT IMMER VON DEM, WAS MÖGLICH IST, DAS BESTE."

Aristoteles

tur zu übertragen. Noch sind die konkreten Umsetzungen eher experimenteller Natur, wie zum Beispiel der Forschungspavillon BOWOOSS, der mit dem BIONA-Förderprogramm des Bundesministeriums für Bildung und Forschung unter Leitung des Architekten Göran Pohl im Jahre 2012 errichtet wurde. Es handelt sich um ein stützenfreies Leichtbautragewerk aus Holz, das nach dem Vorbild der einzelligen Kieselalgen konstruiert wurde. Göran Pohl zeichnet ebenso verantwortlich für den Entwurf des Bahnhofsvordachs in Luxemburg-Cessange. Sechseck-Module in unterschiedlichen hierarchischen Anordnungen, wie sie auch bei den Schalen der Diatomeen zu finden sind, bilden hier das Grundraster des Entwurfs, der durch seine transparente und filigrane Anmutung besticht.

PFLANZENHALME ALS VORBILD FÜR STABILE HOHLROHRKONSTRUKTIONEN

Noch besteht er nur in Form von Modellen und Computeranimationen, doch wenn alles nach Plan verläuft, wird 2017 der Rohbau des Kingdom Tower in Jeddah, Saudi-Arabien, fertig gestellt sein. Mit 1007 Metern Höhe wird damit weltweit zum ersten Mal ein Wolkenkratzer die magische Kilometermarke durchbrechen und auf 500 000 Quadratmetern Fläche und über 240 Stockwerken Einkaufszentren, Büros und Apartments beherbergen. Zur Aufnahme der Lasten des Rekordturms wurden bislang insgesamt 270 Pfähle in Tiefen bis zu 110 Meter getrieben; 18 000 Bohrungen mit Durchmessern bis zu 1,80 Meter waren dafür nötig. Noch vor Errichtung des ersten Stockwerks wurden damit Zigtausende Tonnen Beton und Stahl verarbeitet. Hunderttausende weiterer Tonnen werden für Stütz- und Trägerelemente, Fassade, Stockwerke und Raumtrennung hinzukommen.

Der Kingdom Tower mag neue Wege gehen, indem er Höhenrekorde bricht. Neue Wege im Sinne eines nachhaltigen Bauens beschreitet er jedoch sicherlich nicht. Dafür ist er – wie nahezu alle Gebäude – zu sehr klassischen Konstruktionsformen verbunden, und diese scheinen im Hinblick auf Materialeffizienz keine wegweisenden Lösungen liefern zu können. Doch kann die Natur wirklich als Inspirationsquelle für Strukturoptimierung dienen? Untersucht man die Pflanzenwelt und dort insbesondere jene Pflanzenarten, die trotz eines geringen Durchmessers beachtliche Wachstumshöhen erreichen, liegt die Frage auf der Hand, mit welchen Tricks die Natur die dafür nötige Stabilität erzeugt. Welchen Bauplänen folgen Bambus, Bunter und Winter-Schachtelhalm *(Equisetum variegatum* bzw. *hyemale)* oder Pfahlrohr *(Arundo donax)*, die sich alle durch minimalen Materialeinsatz und hohe Stabilität und Biegefestigkeit auszeichnen?

Von außen betrachtet fallen bei allen genannten Pflanzen Knoten (Nodien) auf, die den Halm in mehrere Segmente teilen. Sie sind, da hier Zellteilung stattfindet, die „Wachstumszentren" der Pflanze und liefern bei vielen Arten einen entscheidenden Beitrag zur Stabilität und Knicksicherheit. Im Querschnitt zeigt sich, dass die Knoten massive Zwischenwände aus Gewebe bilden, während die Segmente zwischen den Nodien meist hohl sind. Unter dem Mikro-

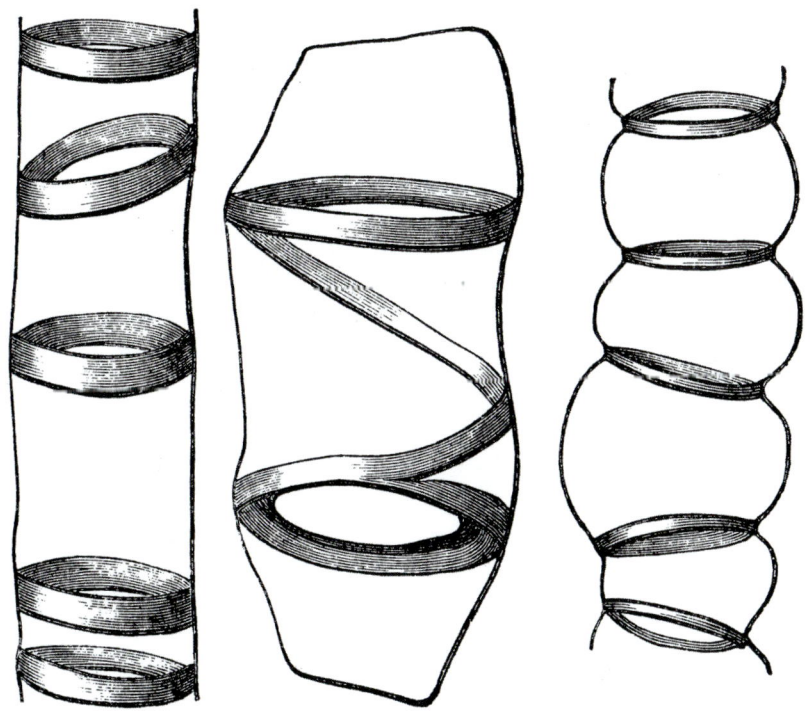

◀ *Verschiedene Ringfaserzellen: aus dem Pfahlrohr,* Arundo donax, *mit in verschiedener Weite und verschiedener Neigung gestellten stark verdickten Ringen (links); aus* Opuntia, *mit Ringen, welche in ein Spiralband übergehen (Mitte); aus der Balsamine,* Balsamina hortensis, *mit tonnenartig erweiterter primärer Hülle zwischen den Ringen (rechts).*

skop lassen sich die weiteren Geheimnisse der hoch aufragenden Pflanzen entdecken. Wesentliche strukturelle und mechanische Eigenschaften sind hochkomplexe Faserverbundstrukturen, bei denen sowohl die Verteilung als auch die Ausrichtung der Fasern in optimaler Form vorliegen. Fließende Übergänge beispielsweise zwischen steifen Fasern (Leitbündeln) und weichem Gewebe kennzeichnen die Struktur. So liegt auch keine einheitliche Materialdichte vor: Betrachtet man die Rohrwand eines Bambus, zeigt sich, dass die größte Dichte in der äußersten Randzone und vertikal betrachtet an der Basis vorliegt, während sie nach innen und oben abnimmt. Hier liegt ein entscheidender Vorteil gegenüber der konventionellen Bauweise von Gebäuden, bei der abrupte Übergänge zwischen festen Stoffen wie Beton und beweglichen Elementen wie Stahl für Materialschäden sorgen können und zudem variable Materialdichten bislang kaum in Konstruktionen berücksichtigt werden.

Wo im konventionellen Baugewerbe ressourcen- und energieintensive Stahlträger, Beton und andere Stützelemente für die nötige Stabilität sorgen, hat beispielsweise das knotenlose Pfeifengras *Molinia coerulea* eine andere Methode entwickelt: Die Pflanze verfügt über einen strukturfesten Außen- und Innen-

ring, der jeweils mit stützenden Fasern durchsetzt ist. In dem weichen Zwischengewebe ist Wasser eingelagert und dieses lässt sich selbst unter hohem Druck nahezu unmöglich komprimieren. Auf diese Art und Weise kann das Gras selbst stärksten Winden standhalten, ohne abzuknicken. Dank der Fähigkeit, den Wasserhaushalt des weichen Gewebes aktiv zu beeinflussen, kann die Pflanze eine lokale Druckregulierung vornehmen und damit auf verstärkte Berührungsreize, wie sie

▼ *Sprossquerschnitt eines Teichschachtelhalms* (Equisetum fluviatile).

beispielsweise durch Wind oder andere abgeknickte Pflanzen, die die Stabilität beanspruchen, reagieren.

Bislang ist die Übertragbarkeit derartiger Mechanismen auf den modernen Gebäudebau noch Zukunftsmusik, doch in anderen Bereichen mündeten die Erkenntnisse über den Aufbau von Pflanzengräsern bereits in serienreifen Produktentwicklungen. Zu ihnen zählt der technische Pflanzenhalm. Ideengeber dieser innovativen Entwicklung waren in erster Linie der Winter-Schachtelhalm *(Equisetum hyemale)* und das Pfahlrohr *(Arundo donax)*, liefern sie doch beeindruckende Ergebnisse im Hinblick auf Biegefestigkeit und Dämpfungspotenzial. Indem zu Bündeln verflochtene Textil- bzw. Pflanzenfasern in Kunstharz getränkt und im Trocknungsprozess zu einem höchst stabilen Material aushärten, entsteht ein röhrenförmiges Faserverbundmaterial, in dessen Außenwand zudem kleine Kanäle verlaufen. Dieser recycelbare Halm wiegt weniger und wird deutlich ressourcen- und energieschonender produziert als Aluminium, ist aber zeitgleich belastbarer als Stahlbeton. Seine potenziellen Einsatzbereiche liegen überall dort, wo Bedarf an röhrenförmigen Strukturen mit hoher Druck- und Biegebelastbarkeit besteht. Im Bauwesen kann er zum Beispiel mit Beton gefüllt und

▲ *Die enorme Strapazierfähigkeit bei nur geringem Materialaufwand ließ den Winter-Schachtelhalm* (Equisetum hyemale) *zu einem der Vorbilder des technischen Pflanzenhalms werden.*

zum Ersatz für Stahlträger werden. Seine Hohlräume bieten zudem Platz für das Verlegen von Wasserleitungen oder Stromkabeln.

Es gibt viele Aspekte, die den Technischen Pflanzenhalm zu einem Produkt mit großem Zukunftspotenzial machen. Zu ihnen zählen sicherlich die umwelt- und ressourcenschonende Herstellung, das Leichtbauprinzip sowie die beeindruckende Stabilität. Diese positiven Attribute lassen sich auch für alle jene Entwicklungen geltend machen, die nicht den Pflanzenhalm, sondern Bäume sowie Knochenstrukturen als natürliches Vorbild nutzen. Was sie so interessant macht, ist die Tatsache, dass hierin die Inspirationsquellen für einen weiteren visionären Aspekt des Bauens liegen: selbstheilende Strukturen.

FORMOPTIMIERUNG UND SELBSTHEILUNG BEI BÄUMEN UND KNOCHEN

Auf den ersten Blick mögen Bäume und Knochen nicht viele Gemeinsamkeiten haben. Bei genauerer Untersuchung erweisen sich jedoch beide Naturmaterialien als wahre Meister im Hinblick auf strukturelle Effizienz und Stabilität: Material wird wirklich nur dort angelagert, wo es für den Erhalt der Stabilität vonnöten ist. Mit dieser Eigenschaft ist ein weiterer faszinierender Aspekt verbunden: die Fähigkeit, auf äußere Einwirkungen und „Unfälle" zu reagieren und entsprechende Selbstoptimierungs- und Selbstheilungsprozesse in Gang zu setzen.

Im Falle der Knochen sind es aller Wahrscheinlichkeit nach die sogenannten Osteozyten, die Muskelaktivitäten und Krafteinwirkungen registrieren und je nach Bedarf entweder Osteoblasten oder Osteoklasten aktivieren, wobei Erstere für den Aufbau, Letztere für den

Abbau von Knochensubstanz verantwortlich sind (s. Seite 130). Das Prinzip ist einfach: Areale mit hohen Spannungskonzentrationen und Belastungen werden mit zusätzlichem Material versehen, während in unterbelasteten Bereichen Knochenmaterial eingespart wird.

Nicht anders verhält es sich mit Bäumen, die nach dem mechanischen Naturgesetz der gerechten und gleichförmigen Lastverteilung Material auf- und abbauen. Dieses lastgesteuerte Wachstum, das auch als Axiom konstanter Spannung bezeichnet wird, lässt

▼ Als große, an einem Standort fixierte Lebewesen sind Bäume hohen Belastungen ausgesetzt. Im Laufe der Evolution haben sie Mechanismen entwickelt, ihre Stabilität langfristig zu sichern. Dazu zählt unter anderem die Fähigkeit, durch An- bzw. Abbau von Material auf wechselnde Belastungen zu reagieren.

sich an Bäumen in vielfältigen Formen wie Rippen oder Wülsten erkennen. Gerät die Stabilität eines Baumes zum Beispiel durch das Vorhandensein einer Faulhöhle in Gefahr, reagiert der Baum mit der Anlagerung zusätzlichen Materials, was sich am Stamm etwa in Form einer Beule abzeichnet. Auch bei Astgabeln liegt eine erhöhte Spannung vor, die mit einem erhöhten Materialeinsatz beantwortet wird.

Doch was lässt sich aus diesen Mechanismen und den Selbstoptimierungsprozessen bei Bäumen und Knochen lernen? Wegweisend in diesem Zusammenhang war die Entwicklung von Konstruktionssoftware wie SKO und CAO (s. Seite 131), dank derer auch mechanische Teile der Industrie nach dem Prinzip des lastgesteuerten Ab- und Anbaus von Material optimiert werden können. So gibt es für eines der großen Probleme angewandter Mechanik – die Kerbspannung – einen ebenso genialen wie einfachen Lösungsansatz, indem man Bäume und Knochen zum Vorbild nimmt.

Viele Bereiche, allen voran die Automobilindustrie, nutzen bereits die Möglichkeiten, die sich aus der Untersuchung von Bäumen und Knochen ergeben, für sich und profitieren in der Fertigung mechanischer Teile von Leichtbau und erhöhter Stabilität. Und auch für die Baubranche eröffnen sich ungeahnte Potenziale, bieten sie doch angesichts des immensen Materialaufkommens bislang ungeahnte Einsparmöglichkeiten, was wiederum dem Rohstoffbestand und der Umwelt zugutekommt.

Bislang übernehmen Computerprogramme die Optimierung von Bauteilen, deren Ergebnisse dann von Ingenieuren im Fertigungsprozess auf das Produkt übertragen werden. Selbstständige Heilungsprozesse hingegen lassen sich bislang nur in kleinem Rahmen in Form von Membranen mit Schaumbeschichtung oder Elastomeren umsetzen, sodass Mikrorisse selbsttätig repariert und Materialbruch auf diese Weise vermindert werden kann. Intelligente Gebäude jedoch, die auf äußere Einflüsse reagieren, indem sie Material umverteilen, Ermüdungs- und Sollbruchstellen beheben und damit für die Stabilität und Langlebigkeit der Konstruktion sorgen, sind zurzeit reine Vision. Das heißt jedoch nicht, dass dynamische Bauteile grundsätzlich als Illusion abgetan werden müssen. Im Gegenteil: Nicht wenige Architekten sind davon überzeugt, dass die Zukunft in der Entwicklung von Gebäuden oder Gebäudeelementen liegt, die selbsttätig auf äußere Faktoren wie Lichteinfall, Temperatur oder Windrichtung reagieren und damit maßgeblich für die energieeffiziente Optimierung des Raumklimas, der Temperierung oder Beleuchtung sorgen. Erste Entwürfe haben sich im Praxistest behauptet und bestätigen die Hoffnung visionärer Architekten, dass in diesen sogenannten adaptiven Gebäudehüllen ein tragfähiger Lösungsansatz auch zur Reduzierung des immensen Energieverbrauchs liegt, denn schließlich sind Fassaden mit einem Anteil von 50 bis 70 Prozent am Energieverlust verantwortlich.

▼ *Je nach Sonnenstand und Lichteinfall wechseln die Lamellen des Oval Office Cologne ihre Stellung. Gesteuert werden sie von einem „Sonnenstandswächter" auf dem Dach des Bürogebäudes.*

ADAPTIVE GEBÄUDEHÜLLEN

Von Beginn an waren Weltausstellungen Orte, an denen nicht nur neuartige Produktentwicklungen wie das Telefon oder die Geschirrspülmaschine die Aufmerksamkeit der Weltöffentlichkeit erregten, sondern auch die oftmals spektakulären Gebäude, die eigens für die viel besuchten Schauen errichtet wurden.

Bereits die erste Weltausstellung 1851 in London, für die Joseph Paxton den legendären Crystal Palace entwarf, zeigt anschaulich, dass die „Expos" einen idealen Rahmen bieten, um architektonische Visionen Wirklichkeit werden zu lassen. Es kann deshalb kaum verwundern, dass die Weltausstellungen seit ihrem Bestehen auch immer wieder zum Ort für die Präsentation bionischer Baukonzepte wurden. Der Crystal Palace machte 1851 den Auftakt, 1967 wurde die geodätische Kuppel von Richard Buckminster Fuller zum Publikumsmagneten und dasselbe gilt für den Pavillon „One Ocean" von 2012, der das Konzept dynamischer, also situationsbedingt reagierender Gebäudehüllen auf faszinierende Weise zum Leben erweckt hat.

BEWEGLICHE LAMELLEN NACH DEM VORBILD DER STRELITZIE

Die *Strelitzia reginae*, auch Paradiesvogelblume genannt, hat eine besondere Methode für die Erhaltung ihrer Art entwickelt. Sie bietet ihrem Bestäuber, dem Webervogel, in Form zweier verwachsener Blütenblätter eine „Sitzstange" als Landeplatz an. Lässt sich der Vogel nieder, biegt sich die Konstruktion unter seinem Gewicht nach unten, das Staubblatt entfaltet sich und gibt den ansonsten geschützten Blütenstaub frei, sodass dieser an den Krallen und im Gefieder des Bestäubers hängen bleibt. Verlässt der Nektarvogel die Sitzstange, klappt der ganze Mechanismus wieder zurück.

Was Forscher an dieser Mechanik besonders faszinierte, war die Tatsache, dass sie ganz ohne verschleißanfällige Gelenke oder Scharniere auskommt – eine Inspiration für die Entwicklung der Verschattungslamelle mit Namen Flectofin. Um das Prinzip elastischer Verformungen, die jederzeit wieder umkehrbar sind, auf das techni-

▲ *Schon in der Computersimulation des „One Ocean Pavilion" auf der Expo 2012 in Südkorea sticht die besondere Gestaltung der 140 Meter langen Fassade ins Auge. Die insgesamt 108 beweglichen Lamellen sind eine bioinspirierte Entwicklung, die das Konzept wandelbarer Außenhüllen aufgreift und umsetzt.*

Die *Paradiesvogelblume* Strelitzia reginae *hat einen besonders raffinierten Bestäubungsmechanismus entwickelt: Sie bietet potenziellen Bestäubervögeln eine Sitzstange aus zwei verwachsenen Blütenblättern an. Lässt sich der Vogel darauf nieder, biegt sich die Sitzstange durch das Gewicht nach unten, zeitgleich klappt ein die Blüte umschließendes Staubblatt nach außen.*

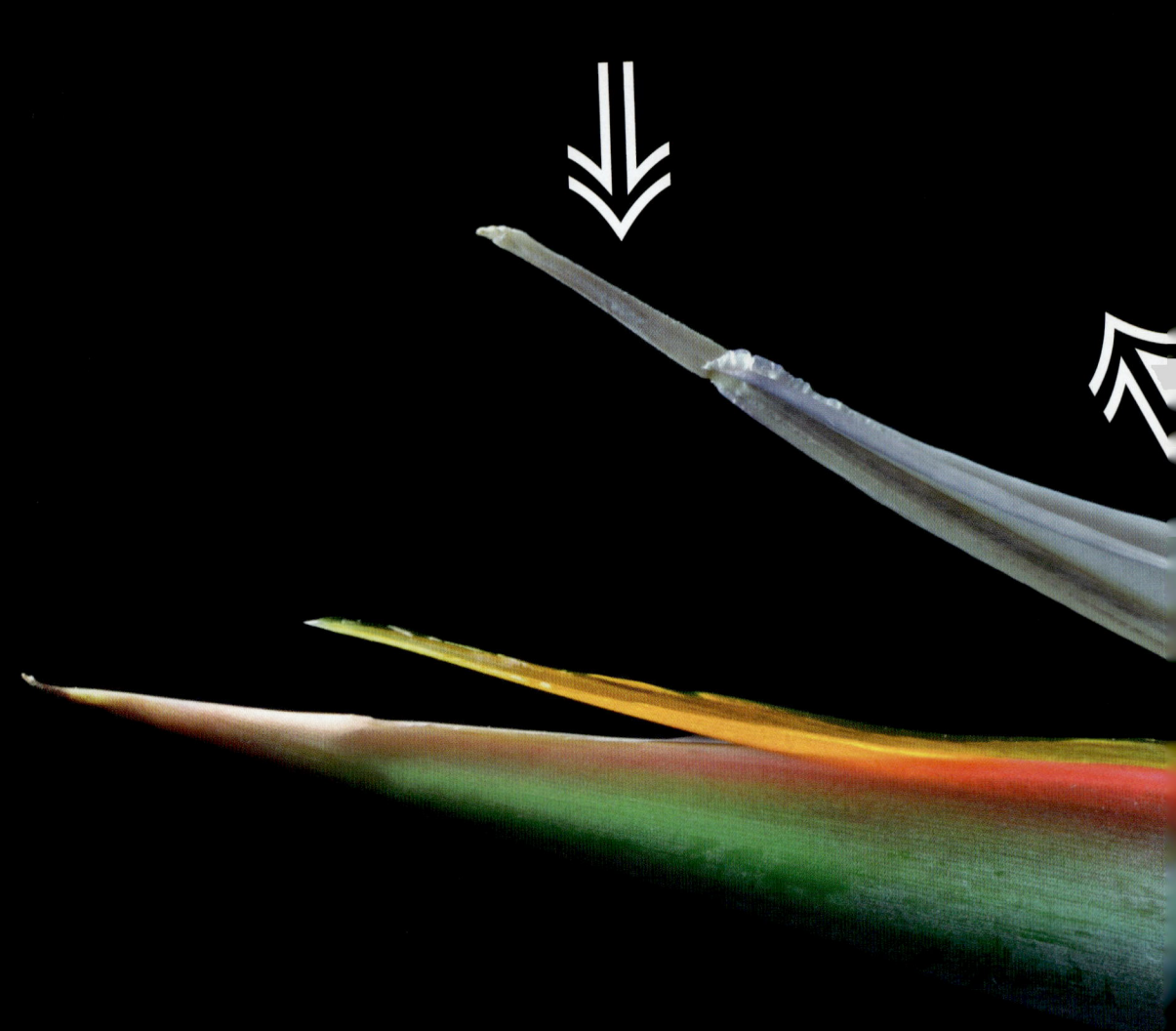

sche Produkt übertragen zu können, war die Materialauswahl entscheidend: Leicht und hochelastisch sollte es sein. Schlussendlich entschied man sich für ein Glasfaserverbundmaterial. Die Lamelle an sich besteht aus einer Rippe und zwei Flügeln, die ohne Zugspannung flach aneinanderliegen. Wird die Rippe indes unter Zugspannung verbogen, klappen die Flügel seitlich auseinander.

Auf der Expo 2012 im südkoreanischen Yeosu konnten sich die Besucher des „One Ocean"-Pavillons von der Funktionsfähigkeit der strelitzieninspirierten Lamellentechnik überzeugen. Jede der insgesamt 108 Lamellen – bis zu 15 Meter hoch und aus 8 Millimeter dünnem, glasfaserverstärktem Kunststoff gefertigt – ließ sich einzeln

▶ *Mit seiner dynamischen Außenhülle wurde der Pavillon „One Ocean" zum Publikumsmagneten der Expo 2012 in Südkorea.*

ansteuern, wobei oben wie unten angebrachte Aktuatoren, also An-
triebsmotoren, die nötige Zugspannung in den Rippen aufbrachten,
um die Flügel im Bedarfsfall zu öffnen und damit eine stufenlose
Verschattung des Gebäudes zu erreichen. Die individuelle und aufeinander abgestimmte Steuerung der Lamellen ermöglichte zugleich
ein faszinierendes Schauspiel: Dem gewohnten Anblick starrer, passiver Fassaden wurde hier das erfolgreiche Konzept dynamischer
Außenhüllen entgegengesetzt, bei der synchronisierte, wellenarti-
ge Bewegungen möglich sind.

◀ *Die Fassade des „One Ocean" mit*
komplett geschlossenen Lamellen.
Der Expo-Pavillon zeigt eindrucksvoll,
dass sich naturinspirierte Baukonzep-
te durchaus auf Tragwerke mit gro-
ßem Maßstab übertragen lassen.

Angesichts der Tatsache, dass sich diese aufsehenerregende Verschat-
tungsmöglichkeit des „One Ocean"-Pavillons mit einer scharnier- und
gelenkfreien, ergo verschleißarmen Technik kombinieren lässt, die
zudem auch auf gekrümmten Fassaden angebracht werden kann, erscheint die Zukunftsfähigkeit der Lamellen als gesichert.

▶ *108 individuell steuerbare Lamellen aus 8 Milli-*
meter dünnem, glasfaserverstärktem Kunststoff
bilden eine adaptive Gebäudehülle, die stufenlos
regelbar ist und auf äußere Einflüsse wie Sonnen-
einstrahlung oder Windlasten reagiert. Den eigent-
lichen Antrieb bewältigen Aktuatoren, dank derer
die nötige Zugspannung in den Rippen erreicht
wird.

AUTOSENSITIVE VERSCHATTUNGSSYSTEME DURCH VERFÄRBUNGEN

Was haben der Grüne Leguan *Iguana iguana*, der Schlangenstern *Ophiocoma wendtii* und der Morpho-Falter *Morpho amathonte* gemein? – Sie alle verfügen über die Fähigkeit, die Farbe ihrer Haut beziehungsweise ihrer Flügel zu verändern, was entweder der Regulierung ihrer Körpertemperatur, dem „Sonnenschutz", der Balz oder der Tarnung dient. Diese Eigenschaft macht sie zu interessanten Forschungsobjekten der Baubionik, liegen doch hierin potenzielle Lösungsansätze für adaptive Verschattungssysteme mittels Verfärbungen, die umso spannender sind, da sich der Farbwechsel bei jedem der genannten Tiere auf andere Art und Weise vollzieht. Jeweilige Vor- und Nachteile in der praktischen Umsetzung der Farbveränderungsmechanismen auf technische Anwendungen können auf diese Weise erprobt und verglichen werden.

Während Schmetterlinge und Leguane aufgrund ihrer außergewöhnlichen Farbeigenschaften seit jeher das Interesse vieler Forscher geweckt haben, die dem Geheimnis der Farbenpracht auf die Spur kommen wollten, rückte der Schlangenstern erst in neuerer Zeit in den Fokus wissenschaftlicher Untersuchungen. Hintergrund des gesteigerten Interesses sind zwei Besonderheiten des in Tiefen von bis zu 7000 Metern lebenden Verwandten der Seesterne. Zum einen: Schlangensterne reagieren auf herannahende Fressfeinde, indem sie die Flucht ergreifen oder sogar einen oder mehrere der insgesamt fünf Arme abwerfen, die sich neu bilden können. Doch *Ophiocoma wendtii* verfügt weder über Augen noch ein Gehirn, sodass sich die Frage aufdrängt, wie der Stachelhäuter seine Feinde

▶ *Ob nun der tropische Edelfalter Morpho amathonte oder der Grüne Leguan (Iguana iguana): Beide Tiere verfügen über die Fähigkeit zum Farbwechsel. Es liegt nahe, diese brillante Technik aus dem Reich der Natur in den Bereich der Technik zu übertragen, beispielsweise um die Farbe von Fassaden an den jeweiligen Sonnenstand anzupassen.*

überhaupt wahrnimmt. Die vereinfachte Antwort auf diese Frage lautet: Schlangensterne sehen mit ihrem Skelett! Dies ist das Ergebnis einer eingehenden Untersuchung der aus reinem Kalzit bestehenden Skelettplatten, die

die Arme des Tieres bedecken und schützen. Detailaufnahmen zeigen ein Mikrolinsenfeld, bestehend aus kugelförmigen Aufwölbungen mit einem Durchmesser von 20 bis 40 Mikrometern, die ein gleichmäßiges dreidimensionales Netzwerk ergeben. Jede dieser noppenartigen Erhebungen erweist sich im Querschnitt als eine trichterförmige Mikrolinse, deren Brennweite exakt der Entfernung zwischen Linse und dem darunterliegenden Gewebe entspricht, auf welches das gebündelte Licht schließlich fällt. Dort befinden sich Nervenbündel, die vermutlich als primäre Fotorezeptoren dienen und dank derer Lichtsignale in Bewegungsimpulse umgesetzt werden können. Der Körper als gigantisches Komplexauge, das es *Ophiocoma wendtii* ermöglicht, Fressfeinde in Gestalt von herannahenden Schatten zu identifizieren.

Mit diesem einzigartigen visuellen System erschöpft sich der „Erfindungsreichtum" des Schlangensterns jedoch noch nicht. Es wird ergänzt um einen Verdunkelungsmechanismus, mit dem das nervendurchzogene Gewebe unterhalb des Skeletts vor zu intensivem Lichteinfall geschützt wird. Das Prinzip ist einfach: Erreicht das Umgebungslicht eine gewisse Intensität, wird durch die lichtempfindlichen Nervenstränge ein entsprechendes Signal ausgesendet, worauf sich die

Pigmentzellen in der Haut erweitern und einen Teil des Lichts absorbieren. Dieser Lichtschutz zeigt sich in einer dunkelbraunen Verfärbung des Schlangensterns, während bei geringer Lichtintensität eine blassgraue Farbe dominiert.

Ophiocoma wendtii bietet mit diesen Eigenschaften gleich zwei beeindruckende Vorlagen: Er hat die Forschung zur Entwicklung naturinspirierter Mikrolinsen befähigt, deren Grundsubstanz eine mit Calcium gesättigte Lösung ist, aus der sich noppenförmige Calciumkarbonat-Strukturen entwickeln, die dem Mikrolinsenfeld des Schlangensterns entsprechen und deren Einsatzbereiche überall dort denkbar sind, wo kleinste optische Systeme vonnöten sind, so zum Beispiel in der IT-Branche oder der Medizintechnik. Bezogen auf Gebäudefassaden mit einer autosensitiven Verschattungsstruktur wäre die Kombination beider Eigenschaften ideal: Auf diese Weise könnten Mikrolinsen zur Erfassung der jeweiligen Lichtintensität eingesetzt werden, während ein wie auch immer geartetes Verschattungssystem à la *Ophiocoma wendtii* auf die Informationen der Lichtsensoren reagiert und mit Farbveränderungen den Grad der Lichtreflexion unterstützt oder vermindert und damit entscheidend zur positiven Beeinflussung der Energiebilanz beiträgt.

ADAPTIVE DACHKONSTRUKTIONEN

Als das Institut für Leichtbau, Entwerfen und Konstruieren (ILEK) und das Institut für Systemdynamik (ISYS) im Jahr 2012 mit dem „Stuttgart Smart Shell" das erste adaptive Schalentragwerk der Welt präsentierten, war es sofort ersichtlich, um was es bei diesem Experimentaldach ging: Ultraleichtbau. Nur 4 Zentimeter dick ist das knapp 100 Quadratmeter große Holzdach, das mit einem Gewicht von etwa 1,4 Tonnen ein echtes Leichtgewicht darstellt. Zum Vergleich: Eine klassische Be-

▼ *Schlangensterne verfügen nicht nur über ein dicht geflochtenes Netz aus Mikrolinsen, das als visuelles System funktioniert, sondern ebenso über die Fähigkeit zur Verfärbung der Haut. Die Kombination dieser Eigenschaften kann bionischen Entwicklungen in vielfacher Hinsicht als Vorbild dienen.*

tondecke mit derselben Fläche würde es auf rund 100 Tonnen Gewicht bringen.

Natürlich ist eine Materialeinsparung dieser Dimension nicht möglich, ohne den damit einhergehenden Problemen ein Lösungskonzept entgegenzustellen. Da das Dach des Stuttgart Smart Shell nicht in der Lage wäre, üblichen Belastungszuständen, wie sie durch Schneedecken oder Wind entstehen, standzuhalten, wurden Eigenschaften von Biostrukturen auf das Modell übertragen. Und so ist das Schalentragwerk lediglich auf vier Punkten gelagert, von denen drei aus Hydraulikzylindern bestehen, die individuell

gesteuert werden können. An der Holzschale selbst sind 14 „Messstationen" in Gestalt von Dehnmessstreifen angebracht, die Materialverspannungen wahrnehmen und innerhalb von Millisekunden auswerten. Im Bedarfsfall wird das Dach über die Hydraulikzylinder bewegt, den statischen oder dynamischen Belastungen angepasst, sodass kritische Materialspannungen nivelliert werden. Auf diese Weise kann ein nur 4 Zentimeter dünnes Holzdach dem Stresstest alltäglicher Belastungen standhalten und vielleicht zum Vorbild für Dachkonstruktionen werden, die als Ultraleichtbauten eine Kehrtwende im ressourcenintensiven Bauwesen einläuten.

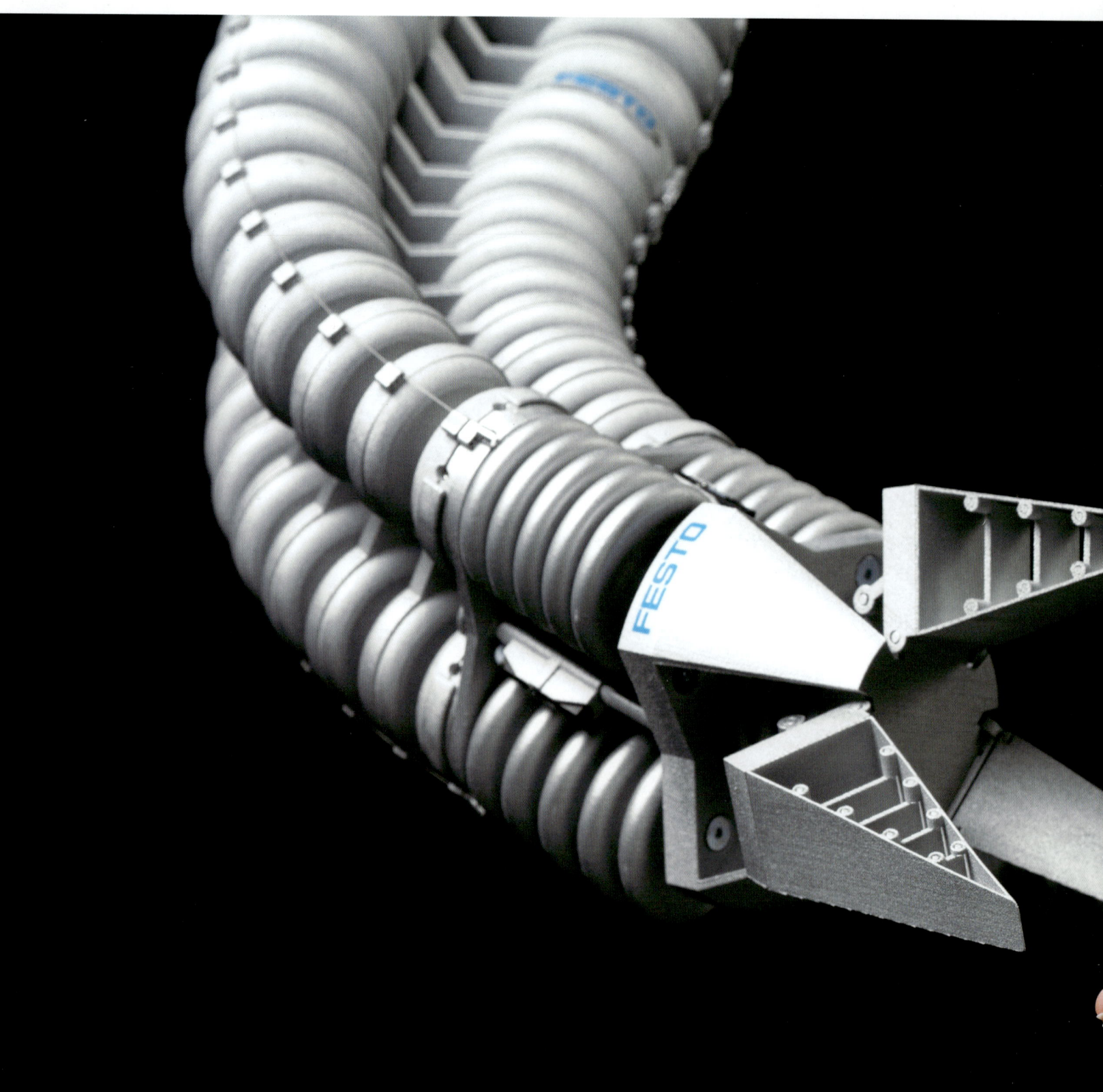

ROBOTIK

Bei vielen löst die Aussicht, einem Roboter zu begegnen, der kaum noch von einem Menschen zu unterscheiden ist, Unbehagen aus, für andere ist diese Vorstellung durchaus reizvoll, insbesondere für Bioniker. Die beiden Androiden Roboter Otonaroid (links) und Kodomoroid (rechts) kommen der Vorstellung eines menschenähnlichen Roboters, trotz noch etwas ungelenker Bewegungen, schon recht nah.

Vorangehende Doppelseite: Auf den ersten Blick wirkt der bionische Handling-Assistent wie ein nachgiebiger Greifarm, der in Struktur und Gesamtfunktion dem Elefantenrüssel nachempfunden ist. Den Forschern der Festo AG dient das System ebenso als Entwicklungsplattform, die unterschiedlichste Technologien und Komponenten kombiniert.

In Japan wurde im Sommer 2014 die erste androide Nachrichtensprecherin vorgestellt. Der Roboter mit dem Namen Kodomoroid, eine Zusammensetzung aus Android und Kodomo, dem japanischen Wort für Kind, liest nicht nur die Nachrichten fehlerfrei vor der Kamera vor, er sieht von weitem auch wie ein Mensch aus.

Die Haut des von Hiroshi Ishiguro, Professor für Robotertechnik an der Universität Ōsaka, entwickelten Androiden ist weich und der des Menschen zum Verwechseln ähnlich und auch das kurze regelmäßige Blinzeln mit den Augen wirkt menschlich. Einzig die Bewegungen des Roboters sind zurzeit noch etwas unharmonischer als die des menschlichen Abbilds. Ebenfalls in Japan, genauer in Sasebo auf der Insel Kyūshū, eröffnete im Juli 2015 das erste „Roboter-

Kaum eine Technik wird so ambivalent gesehen wie die Robotik. Einerseits ist der Mensch seit Jahrhunderten davon fasziniert, technische Wesen zu erfinden, die Arbeiten übernehmen, die er selbst nicht erledigen möchte oder kann, die Kraft für zehn haben und die vielleicht sogar denken und fühlen können. Andererseits erfüllt ihn gerade Letzteres mit Schrecken, vor allem aus Angst, die Maschinen könnten die Weltherrschaft übernehmen.

Zweifelsohne wird wohl niemand den Sinn einer Schöpfung wie beispielsweise die von Professor Hubert Eggers von der Fachhochschule Oberösterreich in Linz anzweifeln: Seine Arbeit hat es ermöglicht, dass seit Ende 2014 der erste Mensch eine fühlende Beinprothese trägt. Damit kann der Träger nicht nur normal gehen und Radfahren, er ist sogar in der Lage, zu klettern und dabei den Untergrund zu spüren wie einst mit seinem natürlichen Bein. Möglich machen das Drucksensoren an der Fußsohle der Prothese, die den Druck und die Abrollbewegungen des Fußes messen, technisch zu den gesunden Nerven des Oberschenkels und anschließend zum Gehirn transportieren. Auf diese Weise kann der Träger kleinste Steine ebenso fühlen wie vereiste Straßen.

hotel": Roboter in Menschengestalt begrüßen den Gast, wickeln den Check-in ab und sind erste Ansprechpartner bei Problemen und Beschwerden, mobile maschinenähnliche Roboter auf Rädern transportieren das Gepäck auf die Zimmer, ein stationärer Roboterarm verstaut Wertsachen im Safe.

Doch so einzigartig und überzeugend eine solche Entwicklung auch ist, so sehr beschäftigt den Menschen nach wie vor die Frage, ob menschenähnliche Roboter, also Androide, und künstliche Intelligenz eigentlich wirklich wünschenswert sind. Das gilt insbesondere für Cyborgs (von cybernetic organism, kybernetischer Organismus), also Menschen, die dauerhaft mit künstlichen „Bauteilen" ausgestattet sind, wobei sich die Diskussion weniger um Prothesen dreht, die verlorene oder kranke Körperteile ersetzen, als beispielsweise um im Gehirn eingepflanzte Mikrochips, wie sie von der Bewegung des Transhumanismus für die menschliche Zukunft angestrebt werden. Als Mischwesen zwischen Organismus und Maschine zählen Cyborgs nicht zu den Robotern, ihre „Bauteile" entstammen aber zumeist den Robotertechnologien.

Doch was sind Roboter letztendlich: Als Roboter werden stationäre und mobile Apparate, Maschinen oder Automaten bezeichnet, die von Computerprogrammen gesteuert für den Menschen bestimmte Arbeiten erledigen können. Wird der Begriff des Roboters mittlerweile etwas inflationär für eine Vielzahl von Maschinen verwendet, so bezeichnet er im engeren Sinn solche Maschinen, die sich in Funktion und Aussehen an der tierischen, vor allem aber an der menschlichen

„DIE ZUKUNFT IST SCHON DA. SIE IST BLOSS NOCH NICHT GLEICHMÄSSIG VERTEILT."

William Gibson, amerikanischer Science-Ficition-Autor

Natur orientieren, sich von ihr inspirieren lassen oder sie gar exakt zu kopieren versuchen. Damit ist die Robotik die bionische Disziplin par excellence. Denn während in den meisten bionischen Fachrichtungen die reine Inspiration durch die Natur im Vordergrund steht, setzt die Robotik – von den verwendeten Materialien einmal abgesehen – weit mehr auf eine komplette, exakte Nachahmung bionischer Systeme, insbesondere der des Menschen, seines Körpers und einzelner Körperteile wie auch seiner Fähigkeiten und seiner Intelligenz. Bei der Entwicklung einer bionischen Oberfläche beispielsweise macht sich die Wissenschaft Techniken, die Prinzipien der Natur, ihre Strukturen und Eigenarten, zu eigen, ohne sie dabei aber in der Regel wirklich zu kopieren; die Robotik geht da mittlerweile oftmals weiter, imitiert die Natur möglichst genau und strebt teils sogar danach, einen „künstlichen" Menschen zu erschaffen, der dem Lebewesen nicht nur äußerlich gleicht, sondern auch in Sachen Intelligenz gleichkommt.

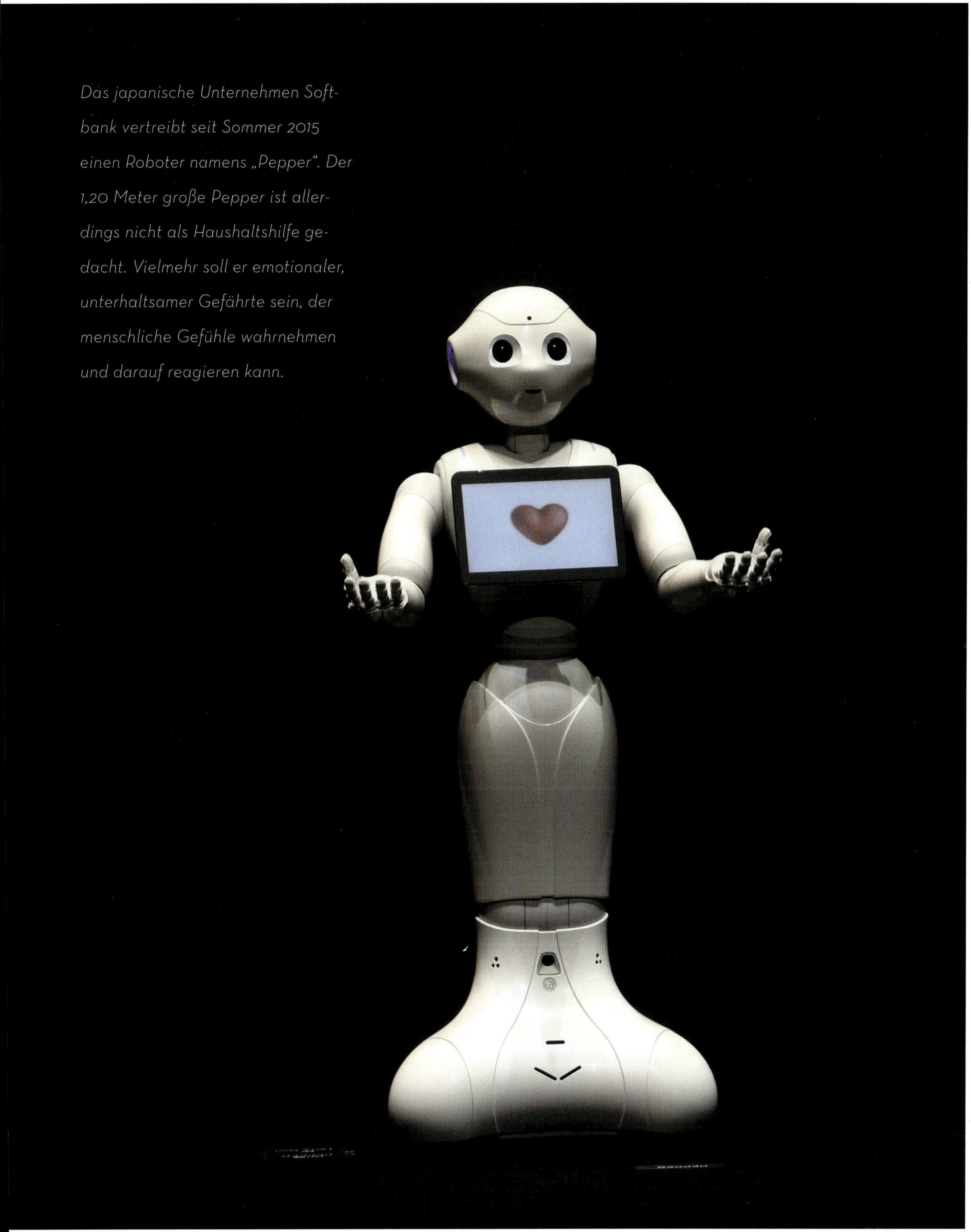

Das japanische Unternehmen Soft-
bank vertreibt seit Sommer 2015
einen Roboter namens „Pepper". Der
1,20 Meter große Pepper ist allerdings nicht als Haushaltshilfe ge-
dacht. Vielmehr soll er emotionaler,
unterhaltsamer Gefährte sein, der
menschliche Gefühle wahrnehmen
und darauf reagieren kann.

DER LANGE WEG DES MECHANISCHEN „ZWANGSARBEITERS"

Seit jeher ist der Mensch von seiner eigenen Art derart fasziniert, dass er sich selbst nicht nur als das Abbild eines Gottes ansieht, sondern sich und seine Artgenossen in jeder Form immer wieder abzubilden sucht, beispielsweise in der bildenden Kunst.

Und er war von jeher bestrebt, selbst künstliche Wesen zu erschaffen, die dem Menschen oder der übrigen belebten Natur in irgendeiner Weise gleichkommen, die einen Organismus oder Teile seiner Fähigkeiten nachahmen, wenn nicht gar übertreffen konnten. Überlegungen und Mythologien zu solchen Wesen sind bereits aus der griechischen Antike belegt. Mit die ersten künstlichen, menschenähnlichen Wesen soll Hephaistos, griechischer Gott des Feuers und der Schmiedekunst, erschaffen haben, starke, goldene Dienerinnen, die dem Menschen recht ähnlich waren. Von ihnen heißt es im 18. Gesang der Ilias des Homer: „... und Jungfraun stützten den Herrscher,/Goldene, Lebenden gleich, mit jugendlich reizender Bildung:/Diese haben Verstand in der Brust, und redende Stimme,/Haben Kraft, und lernten auch Kunstarbeit von den Göttern." Auch der Riese Talos wurde von Hephaistos erschaffen:

Geschmiedet aus Eisen diente der Riese mit dem Stierkopf, den Zeus seiner Geliebten Europa schenkte, dem Schutze der Insel Kreta. Täglich umrundete der eherne Gigant die Insel und bewarf Schiffe, die sich ihr näherten, mit Felsblöcken. Wer dennoch einen Fuß auf das Mittelmeereiland setzte, wurde von den glühenden Armen des Riesen verbrannt. Erst die Argonauten wussten Talos zu zerstören: Medea gaukelte ihm Trugbilder vor, um ihn zu verwirren, und zog ihm anschließend einen Bronzenagel, der seinen Blutkreislauf verschloss, aus dem Knöchel, sodass der Riese verblutete. Solche Gestalten der antiken Mythologien gelten als die Archetypen der Roboteridee, auch wenn die Mittel fehlten, sie umzusetzen.

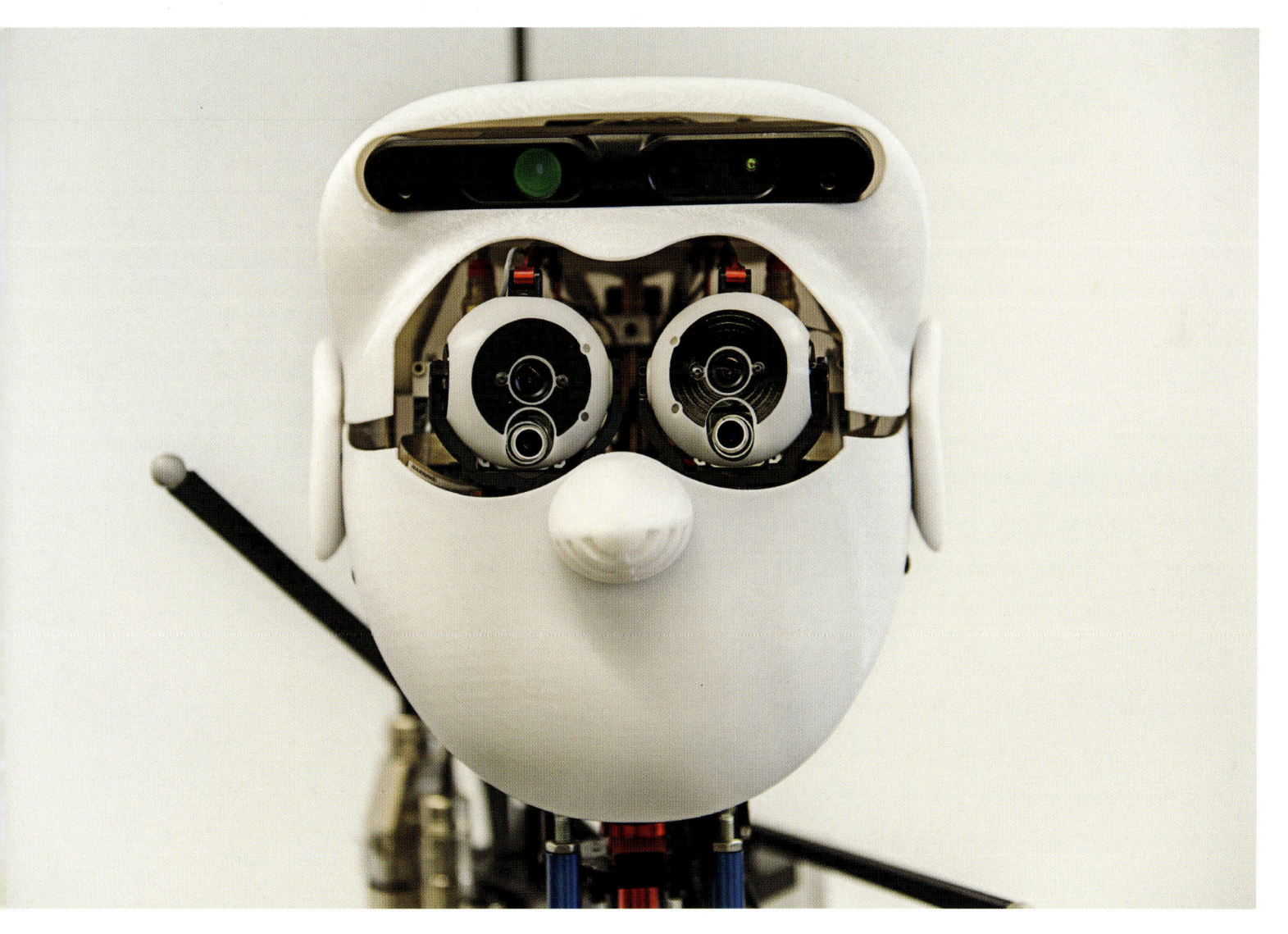

Der Traum aber, Maschinen zu erfinden, die alle harten, gefährlichen, unliebsamen Arbeiten des Menschen erledigen sollten, blieb über die Jahrhunderte bestehen. Leonardo da Vinci entwarf im 15. Jahrhundert einen mechanischen Ritter, eine menschengroße Ritterrüstung, die mittels verschiedener Seilzüge aufstehen und sich setzen, das Helmvisier öffnen wie auch die Arme heben konnte. Doch der „Roboter Leonardos" war nicht etwa als Kampfmaschine konzipiert, er war wahrscheinlich eine Theaterrequisite, ein Spielzeug.

Der französische Chirurg Ambroise Paré ging im 16. Jahrhundert dagegen einen Schritt weiter. Er suchte einen Weg, amputierte menschliche Gliedmaßen durch mechanische Vorrichtungen zu ersetzen, und entwickelte in Zusammenarbeit mit einem Schmied metallene Gliedmaßenprothesen, beispielsweise eine mechanische Eisenhand und einen Panzer bei Rückenschäden. Paré wurde damit zu einem Vorreiter der modernen Prothetik.

Doch es war das 18. Jahrhundert, das zum Jahrhundert der ersten wirklichen Roboter werden sollte: Der französische Ingenieur Jacques de Vaucanson entwickelte in den 1730er-Jahren einen beinahe lebensgroßen Flötenspieler, dessen Repertoire immerhin

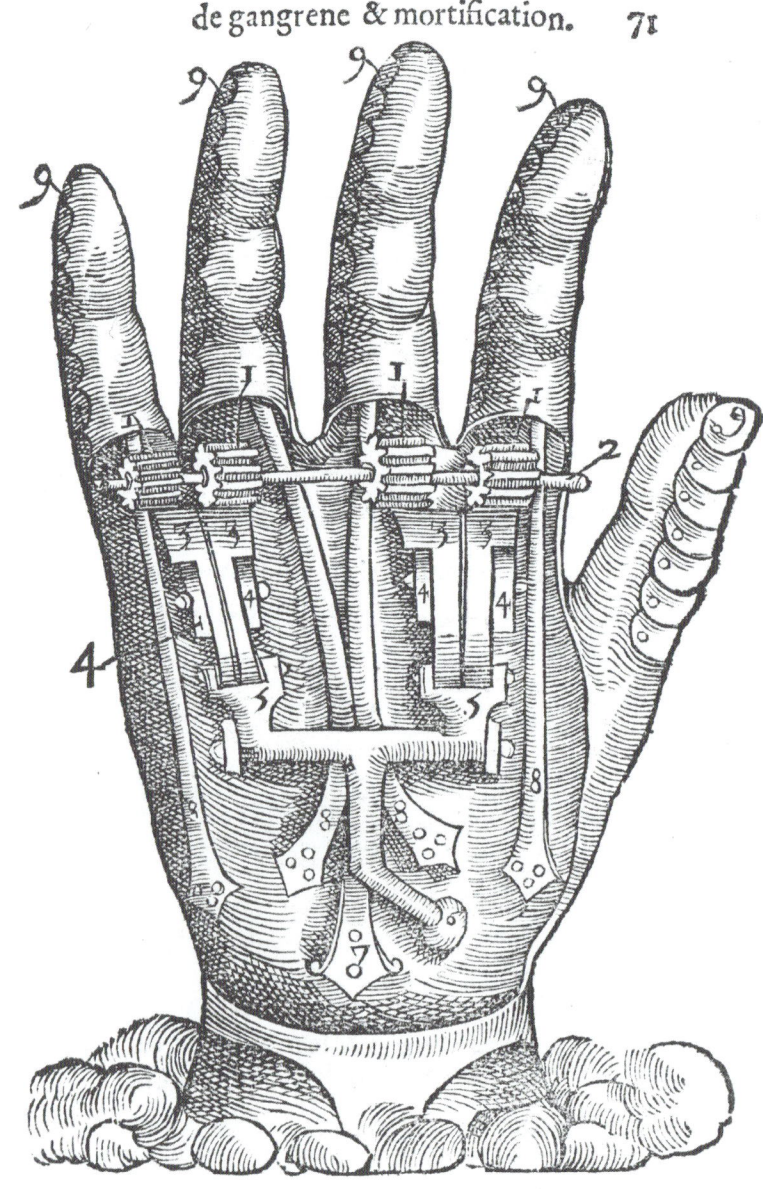

de gangrene & mortification. 71

▲ *Eine eiserne mechanische Hand sollte nach der Vorstellung des französischen Chirurgen Ambroise Paré den Verlust einer natürlichen Hand ausgleichen.*

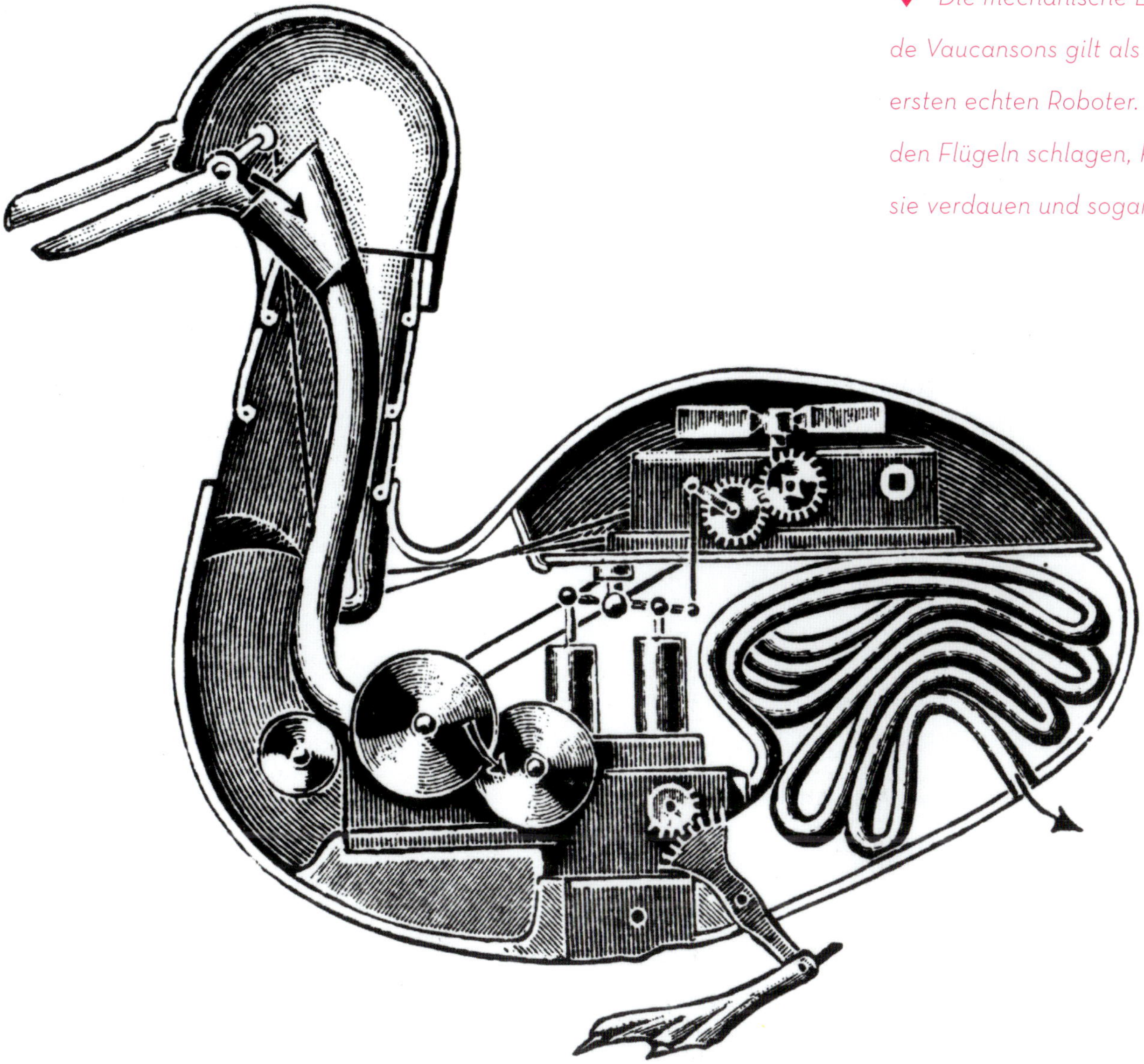

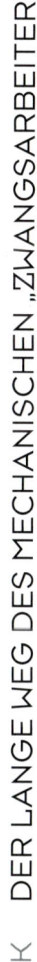

Die mechanische Ente Jacques de Vaucansons gilt als einer der ersten echten Roboter. Sie konnte mit den Flügeln schlagen, Körner picken, sie verdauen und sogar ausscheiden.

zwölf Lieder umfasste, kurz darauf entstand der „Trommler". Sein Ziel, einen künstlichen Menschen zu erschaffen, erreichte Vaucanson nicht, doch konstruierte er eine mechanische Ente, die ihren natürlichen Vorbildern zumindest in Ansätzen recht nahe kam. Sie flatterte mit den Flügeln, trank Wasser, pickte Körner auf und verdaute diese über einen Gummidarm, woraufhin die Speise durch einen künstlichen After verformt wieder zutage trat.

Übertroffen wurden diese mechanischen Geräte noch von jenen des schweizerischen Uhrmachers Pierre Jaquet-Droz. Er konstruierte menschenähnliche Roboter, die bestimmte Aufgaben exakt zu lösen verstanden: den Zeichner, die Organistin und den Schreiber. Sie wurden 1775 der Öffentlichkeit präsentiert und waren jahrzehntelang ein Publikumsmagnet. Der Schreiber war zweifelsohne das Kernstück unter den drei Erfindungen, deren Köpfe, Arme und Augen beweglich waren. Während die Organistin wie bereits der Vaucansonsche Flötenspieler mittels Stiftwalzen ihr Repertoire spielte und der Zeichner vier auf Nockenscheiben abgebildete Zeichnungen anfertigen konnte, war der Schreiber in der Lage, jeden beliebigen Text, der auf einer auswechselbaren Nockenscheibe eingegeben war und 40 Zeichen nicht überschritt, zu schreiben. Dass er dabei bedachtsam die Zeilen sowie Leerzeichen und die Interpunktion beachtete, Ober- und Unterlängen berücksichtigte und nach dem Eintauchen der Feder keine Tintenkleckse hinterließ, weil er sie ordentlich abstreifte, machte ihn zu einem Meisterwerk der damaligen Technik, das auch heute noch in Erstaunen zu setzen vermag. Und die drei Automaten sind die ersten bekannten, tatsächlich konstruierten und noch erhaltenen Androiden, also menschenähnliche, humanoide Roboter, die nicht nur in den Grundzügen dem Menschen gleichen, also so etwas Ähnliches wie Beine, Arme, einen Kopf und Augen haben, sondern dem Menschen so ähnlich wie möglich gestaltet wurden. Die drei Jaquet-Drozschen Androiden gleichen Kindern, die in der höfischen Mode des 18. Jahrhunderts gekleidet sind. Was sie von den heutigen Androiden in erster Linie unterscheidet, sind die Antriebe. Ohne Strom, ohne eine Computerprogrammierung sind die Androiden des Pierre Jaquet-Droz rein mechanische Roboter, die aber bereits die gesamte Technik in ihrem Innern tragen und nur mittels eines Hebels angeschaltet und natürlich zuvor wie ein Uhrwerk aufgezogen werden müssen.

Letztendlich aber nehmen die Androiden von Jaquet-Droz das voraus, was wir heute als Programmierung bezeichnen würden: Auf einen vorgegebenen, „gespeicherten" Befehl hin antworteten die Androiden mit einer entsprechenden Handlung.

Etwa zur gleichen Zeit wird in England die Dampfmaschine erfunden, die Industrialisierung ist damit auf den Weg gebracht, und der Traum arbeitsfähiger Maschinen und insbesondere von Robotern, die dem Menschen die Arbeit abnehmen, scheint zum Greifen nahe. Doch was Erfinder, Ingenieure, Maschinisten mit Eifer vorantreiben und mit Inbrunst ersehnen, trifft nicht nur auf Zustimmung, sondern weckt in der Gesellschaft durchaus dunkle Zukunftsvisionen. So schreibt der Dichter Jean Paul 1789 unter dem Pseudonym J. P. F. Hasus in seiner Satirensammlung „Auswahl aus des Teufels Papieren": „Schon von jeher brachte man Maschinen zu Markt, welche die Menschen

außer Nahrung setzten, indem sie die Arbeiten derselben besser und schneller ausführten. Denn zum Unglück machen die Maschinen allezeit recht gute Arbeit und laufen den Menschen weit vor. Daher suchen Männer, die in der Verwaltung wichtigerer Ämter es zu etwas mehr als träger Mittelmäßigkeit zu treiben wünschen, so viel sie können ganz maschinenmäßig zu verfahren, und wenigstens künstliche Maschinen abzugeben, da sie unglücklicherweise keine natürlichen sein können." Und an anderer Stelle heißt es über den Maschinenmann: „Er tut alles durch Maschinen (...). Er verstand (...) zwar nicht das Einmaleins, aber dafür das Rechnen ungemein gut, dass er nicht wie eine Maschine, sondern durch eine Maschine betrieb."

In der Tat werden im Verlauf der kommenden Jahrhunderte zunehmend Arbeiten von Maschinen übernommen; indes müssen sie nach wie vor von Menschen betrieben und geführt werden, der selbstständige Maschinenmensch oder Roboter, der alle Arbeiten selbsttätig ausführt, bleibt ein Wunschtraum, der sich jedoch zunehmend als Zukunftsvision in der Literatur und schließlich im Film durchsetzt.

Den Begriff des Roboters prägt dabei der tschechische Dichter Karel Čapek mit seinem Science-Fiction-Drama „R.U.R. – Rossum's Universal Robots" (tschechisch: Rossumovi Univerzální Roboti) von 1921. Das Stück, 1935 uraufgeführt und in den folgenden Jahren mehrmals verfilmt, handelt von dem Unternehmen R.U.R., das in seinen Fabrikhallen künstliche Maschinenmenschen, die wir heute als Androiden bezeichnen würden, herstellt, die sogenannten Robots. Der Name der Kunstmenschen ist dem tschechischen Wort robota für Fron,

▼ *Ein Roboter, die Maschinen-Maria, führt in Fritz Langs Monumentalfilm „Metropolis" zeitweise die Rebellion der Arbeiter an.*

Zwangsarbeit, entlehnt und charakterisiert die Funktion der künstlichen Menschen: Sie sind rechtlose Arbeitsmaschinen, die als Zwangsarbeiter in den Fabriken eingesetzt werden, den Menschen dort ersetzen und zu einem wirtschaftlichen Wandel führen. Doch die Robots lernen mit der Zeit, menschliche Gefühle zu verstehen, und entwickeln ein eigenes Selbstbewusstsein. Sie rebellieren gegen ihre Erschaffer und Arbeitgeber und vernichten schließlich die Menschheit. Der Begriff Roboter aber setzt sich mit diesem Drama weltweit für menschenähnliche Maschinen durch.

Auch andere Künstler beschäftigen sich zunehmend mit Maschinenmenschen. Fritz Langs „Metropolis" von 1937 kreiert die Maschinen-Maria, ebenfalls ein täuschend lebensechter Android, lenkbar von den Befehlen ihres Erschaffers, der ihr die Zerstörung der Stadt Metropolis befiehlt. Und es ist diese zerstörerische Kraft der Maschinenmenschen, die das Bild von Robotern zu Beginn des 20. Jahrhunderts prägt. Das ändert sich mit Isaac Asimov. Der russisch-amerikanische Biochemiker und Science-Fiction-Schriftsteller formuliert ein neues Bild von Robotern. Vom Menschen entwickelt, ist er zwar dessen Geschöpf, aber nicht dessen Sklave. Er dient dem Menschen, aber auch

sich selbst. Zu diesem Zweck hat Asimov in seiner Erzählung „Runaround" (1941) die drei Gesetze der Robotik entwickelt, die die Grundlage einer jeden Roboterprogrammierung bilden:

„1. Ein Roboter darf einem Menschen weder Schaden zufügen noch durch Untätigkeit zulassen, dass ein Mensch zu Schaden kommt.

2. Ein Roboter muss den Befehlen eines Menschen gehorchen, es sei denn, diese Befehle stünden im Widerspruch zum ersten Gesetz.

3. Ein Roboter muss seine eigene Existenz schützen, solange er dabei nicht in Konflikt mit dem ersten und zweiten Gesetz gerät."

Mit diesen Gesetzen schuf Asimov einen positiven Helden der Science-Fiction-Literatur, der das Image des Bösewichts mit einem Mal verlor, was allerdings durch die Einführung eines nullten Gesetzes im Jahr 1983 von Asimov selbst wieder relativiert wurde. Das nullte Gesetz, den drei anderen hierarchisch übergeordnet, besagt:

„0. Ein Roboter darf die Menschheit nicht verletzen oder durch Passivität zulassen, dass die Menschheit zu Schaden kommt."

Damit kann die Verletzung oder gar Tötung einzelner oder Gruppen von Menschen zum Nutzen der gesamten Menschheit durchaus in Kauf genommen werden, ein Thema, das seitdem hinsichtlich realer Roboter scharf diskutiert wird und auch in der Literatur und Film immer wieder aufgegriffen wird. Der Science-Fiction-Film „I, Robot" mit Will Smith etwa, der auf eine Reihe von Asimovschen Erzählungen zurückgeht, die Handlung aber stark erweitert, thematisiert das Problem, ob Roboter ein Selbstbewusstsein entwickeln können und ob strenge Logik dazu führen könnte, dass sich die Maschinen über die Befehle der Menschen hinwegsetzen, sie gar ihrer Freiheit berauben und einzelne töten könnten, um die gesamte Menschheit letztendlich vor sich selbst, ihren Kriegen, Verbrechen, ihrer selbstzerstörerischen Art zu schützen.

Dass diese Gesetze – obwohl sie auch der tatsächlichen Robotik zu einem besseren Image verhalfen – von dieser in keiner Weise berücksichtigt werden müssen, sondern allenfalls als eine ethische Richtlinie angesehen werden, versteht sich fast von selbst. Für moderne Industrie- und Haushaltsroboter gelten Vorschriften und Richtlinien wie für alle anderen Maschinen auch, für militärische Roboter sind die vier Gesetze ohnehin obsolet. In wissenschaftlichen Kreisen, unter Ingenieuren, Philosophen und Rechtswissenschaftlern, entfacht sich zunehmend die Diskussion, wie heute und in Zukunft rechtlich und ethisch mit den heutigen realen Robotern im Hinblick auf ihre zunehmende Autonomie und ein mögliches Erwachen von Selbstbewusstsein in Kombination mit kognitiven Leistungen umzugehen sei.

Ihren realen endgültigen Durchbruch jedenfalls erlebten die Roboter ab den 1950er-Jahren, als die US-amerikanische Firma „Unimation" ihren ersten Industrieroboter auf den Markt brachte. Diese Roboter, noch meilenweit von der menschenähnlichen Gestalt mancher heutiger Roboter entfernt, waren im Grunde Arme mit längst nicht allen Freiheitsgraden des menschlichen Arms. Fest installiert, war es ihre Aufgabe, Gegenstände von einem Platz zum anderen zu bewegen.

▶ *Seit Frühjahr 2015 lässt die japanische Großbank Bank of Tokyo-Mitsubishi UFJ erstmals einen humanoiden Roboter im Kundenservice arbeiten. NAO, so der Name des Prototyps, wird zunächst versuchsweise in der Hauptfiliale des Finanzinstituts in Tokio eingesetzt. Der 58 Zentimeter hohe und 5,4 Kilogramm schwere Roboter ist mit Kameras und Mikrofonen ausgestattet. Er weiß Bescheid über alle Finanzdienstleistungen der Bank und wechselt mühelos in 18 andere Sprachen, darunter Englisch und Chinesisch.*

ROBOTERRECHT:
WARUM ROBOTER REGULIEREN?

Längst sind autonom agierende Roboter keine Science-Fiction mehr. Das Roboterauto, also das selbstfahrende Auto, von keinem menschlichen Fahrer geführt und teilweise sogar völlig ohne Lenkrad, Gaspedal und Bremse ausgestattet, ist in der Testphase und wird auf Dauer die Straßen der Welt bevölkern. Doch das bringt rechtliche und ethische Probleme mit sich.

Man stelle sich folgendes Szenarium vor: Eine Gruppe von drei Passanten läuft verkehrswidrig vor ein selbstfahrendes Auto. Auf der Gegenfahrbahn ist reger Verkehr, rechts neben dem Auto fährt ein Fahrrad. Ein Mensch würde hier intuitiv handeln, möglicherweise würde er sogar falsch reagieren, doch es wäre zumindest eine individuelle, situative Entscheidung. Ein autonomes Roboterauto aber muss auf diese Situation hin programmiert werden, und das bedeutet, dass sich der Mensch – der Programmierer, aber auch die Gesellschaft – im Vorhinein darüber Gedanken machen muss, welcher der an der kritischen Verkehrssituation Beteiligten möglicherweise verletzt wird oder gar sterben muss. Ein individuelles Abschätzen der Situation ist nicht mehr gegeben.

Welche Entscheidungsmöglichkeiten aber gibt es, die gegeneinander abgewogen werden müssen? Die wahrscheinlich einfachste Lösung wäre, die Verantwortung demjenigen zuzuschieben, der sich verkehrswidrig verhält, also den drei Passanten. Das würde bedeuten, dass das Auto so stark wie möglich bremst, ohne seine Insassen zu gefährden und die Passanten gegebenenfalls an- oder überfährt. Doch was, wenn es sich bei den drei verkehrswidrig handelnden Passanten um siebenjährige Kinder handelt, die für ihr Handeln noch gar nicht verantwortlich sind? Sollen auch sie von dem Autoroboter einfach an- bzw. überfahren werden? Wäre es da nicht sinnvoller, in den Gegenverkehr zu steuern, denn möglicherweise gäbe es nur Blechschäden? Oder in den Fahrradfahrer zu steuern, dann würde nur einer statt dreien zu Schaden kommen? Oder soll das Auto so stark bremsen, dass vielleicht nur der Besitzer des Wagens – obwohl auch er für die Situation nicht verantwortlich ist – zu Schaden kommt. Müsste man vielleicht auch das Alter der beteiligten Personen berücksichtigen? Ist ein junges Leben etwa schützenswerter als ein altes? Und wer trägt im Anschluss eigentlich die Verantwortung für das Verhalten und eventuelle Fehlverhalten des Roboters? Der Hersteller, der Besitzer oder gar das Auto selbst?

Es sind solche juristischen wie ethischen Fragen, die längst außerhalb der Entwicklungslaboratorien und jenseits der Industrie erörtert werden und denen sich heute Juristen und Philosophen widmen. Dabei sind die Überlegungen, ob Roboter mit einem eigenen Wertesystem programmiert werden müssen, wie dieses Wertesystem aussehen könnte und wie umfangreich es sein müsste, lediglich ein Aspekt der Diskussion, wie auch die Verantwortlichkeit für die Handlungen von Robotern nur eine Frage ist, die es zu klären gilt. Mittlerweile nämlich glaubt eine Vielzahl der Wissenschaftler, dass diese Überlegungen nicht weit genug greifen. Den zukünftigen Entwicklungen in Ro-

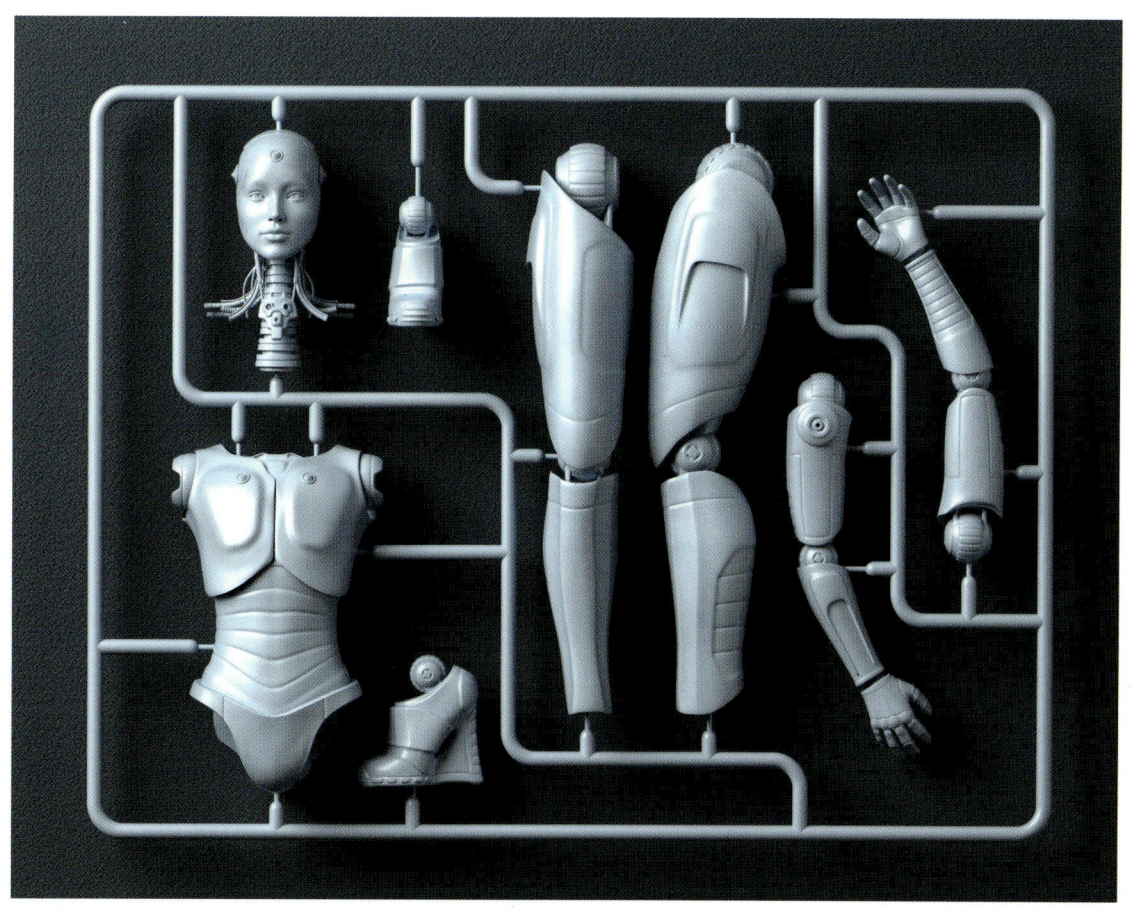

▲ Roboter sind heute nicht mehr nur eine fremdbestimmte Ansammlung künstlicher Körperteile. Immer häufiger werden sie mit ethischen Problemen konfrontiert.

...botik und Künstlicher Intelligenz eine sehr rasche Dynamik zugrunde legend, könne man nicht mehr ausschließen, dass Roboter ein (Selbst-)Bewusstsein entwickeln würden und verschiedene kognitive Fähigkeiten, so eine ganze Reihe von Wissenschaftlern. Unter diesen Umständen müssten normative ethische und rechtliche Fragen geklärt werden, wie man in Zukunft mit solchen Wesen umgehen und welche Rechte man ihnen einräumen müsse.

Einen ersten Entwurf dazu hat eine Gruppe von Wissenschaftlern im Auftrag der EU bereits niedergeschrieben: Mit „Robo-Law: Regulating Emerging Technologies in Europe: Robotics Facing Law and Ethics" haben die Forscher von den Universitäten Tilburg (Niederlande), Reading (Großbritannien), Pisa (Italien) und München (Deutschland) im Jahr 2014 mögliche Regeln und Kriterien zusammengestellt, die für den Einsatz und Betrieb der unterschiedlichsten Roboter gelten könnten. Zurzeit können solche Regeln lediglich Gedankenspiele sein, noch ist die Technologie nicht ausgereift genug, dass sich wirklich sagen ließe, welche Probleme – ethischer oder juristischer Art – sich in der Zukunft tatsächlich ergeben werden. Doch dass es Regeln wird geben müssen und dass diese Regeln insbesondere nicht nur mathematisch-logischer, sondern eben auch ethischer Natur sein werden, ist sicher.

VON BEINEN, FLÜGELN UND RÜSSELN – TIERÄHNLICHE MASCHINEN

Auch wenn der Begriff Roboter sich ursprünglich auf menschenähnliche Maschinen bezog, ist die Tierwelt eine unbegrenzte Inspirationsquelle für eine Vielzahl von Maschinen, die mittlerweile ebenfalls als Roboter bezeichnet werden.

Es sind vor allem die Beine und Laufbewegungen der Tierwelt, die für die Robotik Pate stehen: Denn obwohl Räder auf gerader Straße an Geschwindigkeit und Sicherheit enorme Vorteile bieten, sind sie für unwegsames Gelände meist völlig unzureichend. Die Beine und Gangarten von Spinnentieren und Insekten bis hin zu Säugetieren bieten dagegen Stabilität auch in unzugänglichen Gegenden, sind in der Lage, Unebenheiten auszugleichen, Hindernisse zu überwinden

und mit extremen Steigungen beziehungsweise Gefällen zurecht-zukommen. Es sind insbesondere solch holprige Gebiete, für die sogenannte Laufmaschinen oder Laufroboter – also Maschinen, die mit 4, 6 oder 8 Beinen ausgestattet sind – entwickelt werden.

Ein frühes Muster für einen Laufroboter mit Insektenbeinen und Insektengangart bildet die Indische Stabheuschrecke: Sie diente zu-nächst dem Biologen H. Cruse und dem Maschinenbauer F. Pfeiffer als Vorbild zur Konstruktion einer Laufmaschine. Das Insekt, das zur Ordnung der Gespensterschrecken gehört, wird bereits seit dem 19. Jahrhundert an europäischen Universitäten als Versuchstier

▲ *Der bionische Handling-Assistent der Festo AG arbeitet leicht, frei beweg-lich und nachgiebig. Auch bei direktem Kontakt zwischen Maschine und Mensch ist er sicher. Im Falle einer Kollision gibt die Balgstruktur sofort nach und muss deshalb nicht wie konventionelle Fabrikroboter sorgfältig vom Menschen abgeschirmt werden.*

gehalten, lässt sich doch anhand seiner einiges über beispielsweise Tarnung, Sinnesleistungen und Fortbewegung von Insekten in Erfahrung bringen. Und so musste die „Laborschrecke" auch für den Laufroboter herhalten: An einem lang gestreckten zentralen „Körper" befinden sich sechs Beine, die wiederum aus je drei Segmenten bestehen. Drei Freiheitsgrade, also drei voneinander unabhängige Bewegungsmöglichkeiten, stehen pro Bein zur Verfügung, was eine recht gute Beweglichkeit im Raum garantiert. Wie beim Gang der natürlichen Stabheuschrecke befinden sich immer mindestens drei Beine auf dem Boden, es sind zunächst etwa rechtes Vorder- und Hinterbein sowie das linke Mittelbein in der Luft, linkes Vorder- und Hinterbein und rechtes Mittelbein bilden auf dem Boden einen stabilen Stand. Indem beim nächsten Schritt gewechselt wird (rechtes Vorder- und Hinterbein sowie das linke Mittelbein am Boden, linkes Vorder- und Hinterbein und rechtes Mittelbein in der Luft), verfügen Stabheuschrecke wie auch der entsprechende Laufroboter über einen sicheren Gang. Letzterer kann auch, weil er die Beine, sobald er auf Hindernisse stößt, zurückzieht und einen neuen Aufsatzpunkt errechnet, bereits Unebenheiten und Hindernisse in einem bestimmten Rahmen gut überwinden.

Seit diesem ersten Stabheuschrecken-inspirierten Laufroboter aus dem Jahr 1994 sind eine Reihe ähnlicher Maschinen entstanden, die denselben Prinzipien folgen. Sie heißen Tarry I und II, Lauron I bis V oder Hector und sie haben sich weiterentwickelt: Manche sind zum Beispiel größer geworden und mit bedeutend mehr Sensoren ausgestattet; die Beine verfügen teils über mehr Freiheitsgrade; manche sind statt mit starren mit elastischen Gelenken ausgestattet; ihr Gang wird dem der Natur dadurch noch ähnlicher. Auch der Dreibein-Gang lässt sich besser koordinieren, indem nach wie vor jedes Bein einzeln und dezentral gesteuert werden kann, die Kom-

▲ *Sechsbeiniger Laufroboter Lauron V, entwickelt vom Forschungszentrum Informatik in Karlsruhe.*

munikation der Beine untereinander aber verbessert wurde. Auf diese Weise werden Laufgang und Trittsicherheit erhöht, die überlaufbaren Hindernisse konnten erhöht werden. Nun gilt es, den Laufrobotern mittels Sensoren das „Fühlen" und „Sehen" beizubringen, sodass sie in Zukunft bereit sind, schwierige, für den Menschen unzugängliche oder gefährliche Gebiete zu erkunden. Als mögliche Einsatzbereiche sind Katastrophengebiete, vermintes Land, der Meeresboden, um etwa das Leck einer Ölpipeline zu finden und zu flicken, aber auch Raumfahrtmissionen angedacht.

Ähnliche Einsatzmöglichkeiten erhoffen sich Forscher vom Fraunhofer-Institut auch von ihrem Spinnen-inspirierten Laufroboter: Ausgerüstet mit Kameras und Messgeräten soll der achtbeinige Laufroboter etwa auf einem Industriegelände nach einem Chemieunfall die Lage sondieren, nach Verletzten in Erdbebengebieten suchen oder nach einem Gasleck fahnden. Damit sich die Roboter schnell und wendig fortbewegen und möglicherweise sogar springen können, greifen die Wissenschaftler auf Faltenbälge zurück. Damit ahmen sie den Mechanismus nach, über den Spinnen ihre Beine strecken. Wie beim Menschen krümmen sich die Spinnenbeine über die Muskulatur, doch verwenden die Tiere ei-

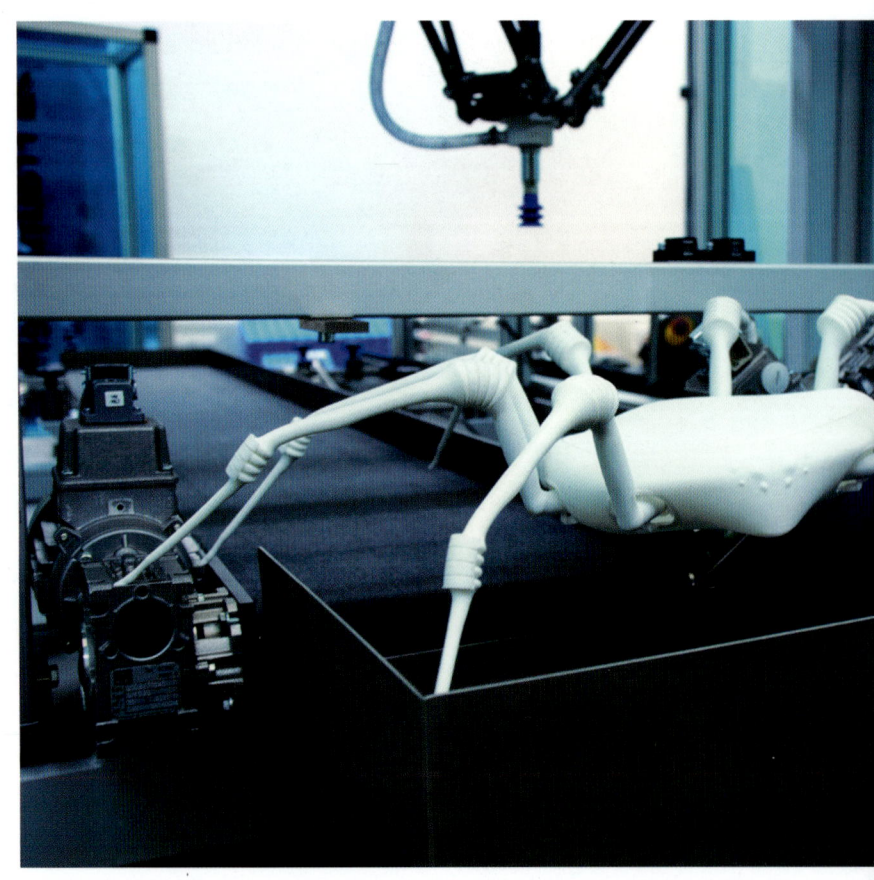

▼ 20 Zentimeter lang sind die Beine der vom Fraunhofer-Institut entwickelten Roboterspinne. Elastische Faltenbälge dienen als Gelenke.

nen anderen Antrieb, um sie zu strecken. Vor den Gelenken liegen elastische Kammern, die mittels Druck mit Flüssigkeit gefüllt werden, sodass sich die Kammern ausdehnen und das Bein gestreckt wird. Die kompakten Beine der Spinne können auf diese Weise eine hohe Kraft bei der Bewegung aufbauen. Dieses elastisch-hydraulische Prinzip haben die Entwickler am Fraunhofer-Institut auch im Spinnenroboter umgesetzt: Die Beine der per Computer gesteuerten Kunstspinne bauen über elastische Faltenbälge pneumatisch Druck auf, sodass sich die künstlichen Gliedmaßen strecken. Der Vorteil des Fraun-

hofer Spinnenroboters liegt aber nicht nur in seiner Wendigkeit, sondern vor allem in seinem Herstellungsverfahren: Er wird nicht in üblicher Maschinenbautechnik konstruiert, sondern im 3D-Druckverfahren hergestellt. Schicht für Schicht wird Polyamidpulver per Laser verschmolzen, was einen so leichten wie relativ preiswerten Roboter entstehen lässt. So gilt der Spinnenroboter als „Einwegroboter" unter den tierinspirierten Laufmaschinen, der nach einem Einsatz, etwa in einem Kernreaktor, und sobald seine Aufgabe, das Senden von Daten, erfüllt ist, einfach entsorgt werden kann.

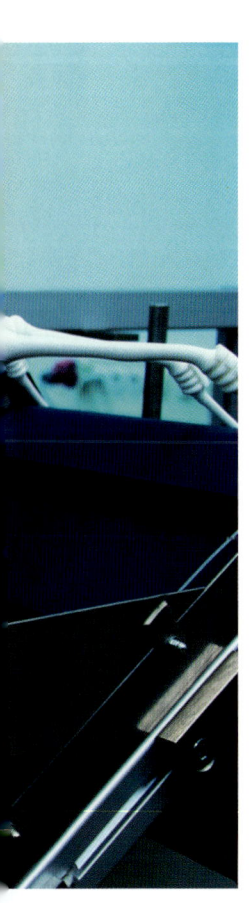

◀ *Wissenschaftler mehrerer Göttinger Forschungseinrichtungen haben zusammen einen Laufroboter entwickelt, der flexibel zwischen verschiedenen Gangarten hin- und herschalten kann.*

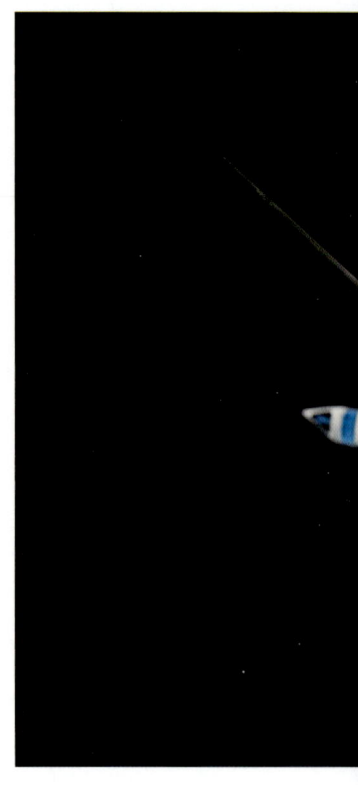

Ebenfalls von einer Spinne inspiriert ist der Tabbot-Roboter, entworfen von Professor Ingo Rechenberg von der Technischen Universität Berlin. Die von dem Bioniker selbst in der Sahara entdeckte und nach ihm benannte, zu den Riesenkrabbenspinnen zählende Art *Cebrennus rechenbergi* hat eine besondere Art der Fortbewegung: Wenn sie schnell sein muss, läuft sie nicht etwa, sondern macht Flickflack-ähnliche Bewegungen, mit denen sie buchstäblich die Sanddünen herab- wie herunterrollen kann und sich immer wieder mit ihren Beinen abstößt, um neuen Schwung für den nächsten Überschlag zu haben. Diese Bewegung begeisterte den Forscher zu einem Roboter, der eigentlich auf

zwei Rädern fährt, dabei aber von einklappbaren Beinen unterstützt wird, sodass er sich selbst einen Berg hinaufschieben und auch bei hohem Tempo das Gleichgewicht halten kann. Obwohl auf Rädern fahrend, ist er dadurch auch im unebenen Gelände einsatzbereit und kann Steigungen überwinden.

Andere Laufroboter wiederum lehnen sich an den Seitwärtsgang der Strandkrabbe, an die feinst behaarten Füße von Geckos (siehe S. 43) an oder haben sich den vierbeinigen Gang der Säugetiere abgeschaut, wie etwa StarlETH, entwickelt an der ETH Zürich, der an einen Hund erinnert und dessen gefederte Beine ihm einst das Klettern ermöglichen

sollen. Doch seit langem sind es nicht mehr nur die Beine des Tierreichs, die den Robotikern als Vorlage dienen. Flügel sind nicht minder interessant: Bei den Drohnen ist es lediglich der Name, der der Natur entlehnt ist, und nicht etwa der Flug der männlichen Honigbiene; doch der Libellenflug etwa diente als Abbild für ein Fluggerät der Festo AG, das deren erstaunliche Fähigkeiten simuliert. Die Flügelpaare lassen sich unabhängig voneinander bewegen, wodurch rasante Flugmanöver möglich werden. Der BionicOpter kann seinen Flug plötzlich stoppen, in der Luft stehen und ohne Flügelschlag gleiten. Noch ist das Fluggerät nur in Modellgröße in Ultraleichtbauweise gefertigt und wird über das

Smartphone gesteuert, doch welche Einsatzmöglichkeiten für die Zukunft bestehen, lässt sich derzeit noch gar nicht absehen.

Das gilt auch für den „Ecobot II", entwickelt in den Robotics Laboratory der Universität Bristol. Dort suchte man nach einer natürlichen Alternative zur üblichen Stromversorgung von Robotern mittels Akkus, Solarzellen oder gar Stromkabeln. Die Idee der südenglischen Wissenschaftler war es, es auch bei der Energieversorgung der Natur gleichzutun und auf deren Nahrung zurückzugreifen, Biokraftstoff, nämlich in Form von Weichtieren, Insekten und Ähnlichem. Der „Slugbot" war in der Lage, nachts auf die Jagd nach Schnecken zu gehen: Er erkannte sie, nahm sie auf und verstaute sie in einem Fermenter, wo sie unter Luftausschluss zu Methan verdaut wurden. Das gelang zwar, doch das Methan reichte nicht aus, um den Roboter fortzubewegen. Nach diesem Fehlschlag konstruierten die Wissenschaftler den zuckerverarbeitenden „Ecobot I" und schließlich „Ecobot II", der sich tatsächlich von toten Fliegen und faulem Obst ernähren kann. Aus Klärschlamm gewonnene Mikroorganismen zersetzen dieses Futter – unter Zuhilfenahme von Sauerstoff aus der Luft – in Zucker. Noch muss „Ecobot II" gefüttert werden, doch Ziel ist es, dass der Roboter eigenständig „auf die Jagd" geht, Nahrung aufnimmt und sie „verdaut". Auch ist die Leistung, die die Maschine durch diese Nahrung erbringt, zurzeit noch nicht allzu hoch: Mit einer Fliege als Nahrung überwindet er Distanzen von nur 50 Zentimetern in 6 Stunden. Doch der Ansatz, einen völlig autonomen Roboter zu konstruieren, der sich selbst wie ein lebender Organismus mit Energie versorgt, ist damit immerhin geschafft.

Autonomie benötigt ein Industrieroboter, fest an seiner Station installiert und daher problemlos über ein Stromkabel versorgbar, zwar nicht, doch hat selbst diese früheste Art des modernen Roboters eine ganz neue, nämlich tierische Inspirationsquelle gefunden: War er bislang dem menschlichen Arm abgeschaut, der unter Höchstgeschwindigkeiten Präzisionsarbeiten ausführt, so entwickelte die Festo AG aus Esslingen in Zusammenarbeit mit dem Fraunhofer-Institut einen neuartigen Greifroboter, der dem menschenähnlichen Industrieroboter den Rang ablaufen könnte, verfügt er doch über ganz andere Freiheitsgrade als das menschenähnliche Modell. Der Elefantenrüssel, beweglich und präzise wie kein anderes Greifwerkzeug in der belebten Natur, stand Pate für die vielleicht neue Generation des Industrieroboters. Der Hightech-Rüssel ist beinahe so beweglich wie sein natürliches Pendant, kann akkurat greifen und ist durch seine Kunststoffbauweise im 3D-Druckverfahren auch noch wesentlich kostengünstiger in der Herstellung. Betrieben wird der Kunstrüssel mit Druckluft, was ihn ebenfalls dafür prädestiniert, nicht nur in der Industrie, sondern sogar im menschlichen Alltag seinen Platz zu finden.

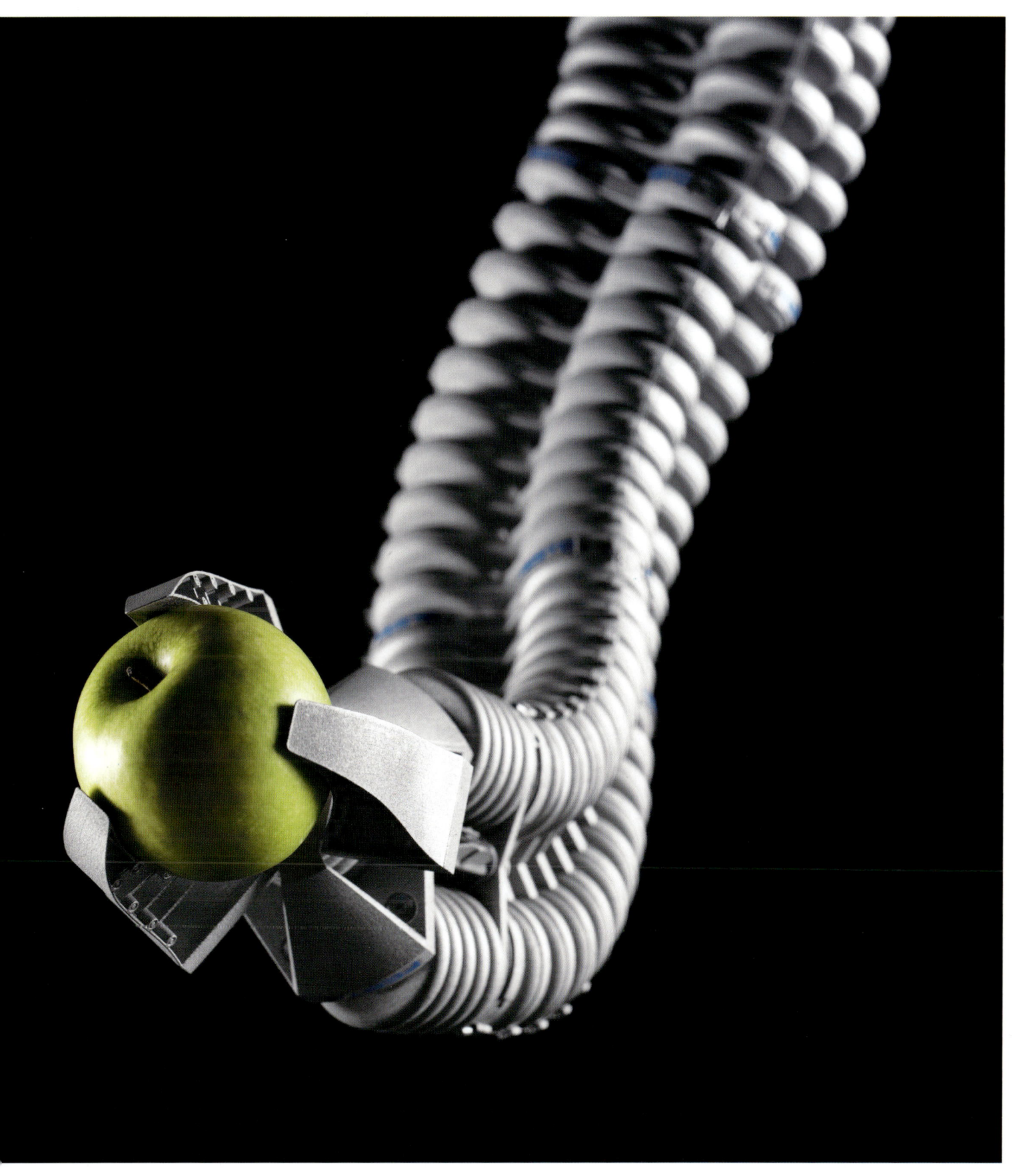

ARME, BEINE, RUMPF UND EIN KOPF – MENSCHENÄHNLICHE ROBOTER

Generell unterscheidet die Robotik zwischen humanoiden Robotern, die eine grob menschenähnliche Gestalt haben, aber ganz offensichtlich Maschinen sind, und menschenähnlichen Robotern, deren Gestalt der des Menschen zum Verwechseln ähnlich sein soll. Letztere werden auch Androide genannt. Gemeinsam ist ihnen ein aufrechter, zweibeiniger Gang, die wichtigsten Körperteile wie Rumpf, Arme, Beine, ein Kopf und in der Regel Augen oder zumindest etwas Augenähnliches sowie eine ganze Reihe an Sensoren, die den Sinnen des Menschen nachempfunden sind. Darüber hinaus benötigen Roboter in ihrem Inneren eine Reihe von Aktoren (auch Aktuatoren genannt), die den Muskeln des Menschen entsprechen und für den Antrieb zuständig sind, und eine Steuereinheit, quasi das Gehirn des Roboters, bestehend aus einer Vielzahl von Mikroprozessoren, die die Informationen der Sensoren aufnehmen, auswerten und über die Aktoren die nötigen Handlungen wie Bewegungen, verbale und nonverbale Kommunikation (Letzteres insbesondere in Bezug auf die Androiden) daraus ableiten und steuern. Androide benötigen darüber hinaus ein Gesicht, das zu einer möglichst natürlichen Mimik fähig ist und sie zu einer Körpersprache befähigt, eine weiche, menschenähnliche Haut sowie künstliche Muskeln, die – anders als etwa die Motoren und Motoren-Feder-Kombinationen der humanoiden Roboter – weiche, fließende Bewegungen möglich machen. Diese Aktoren unterscheiden sich durch ihre noch stärker an natürliche Prinzipien angelehnte Mechanismen: Elastische Materialien mit Formgedächnis werden vor starren Metallmechanismen bevorzugt, auch die fluiden, hydraulischen Aktoren des Spinnenbeins (siehe

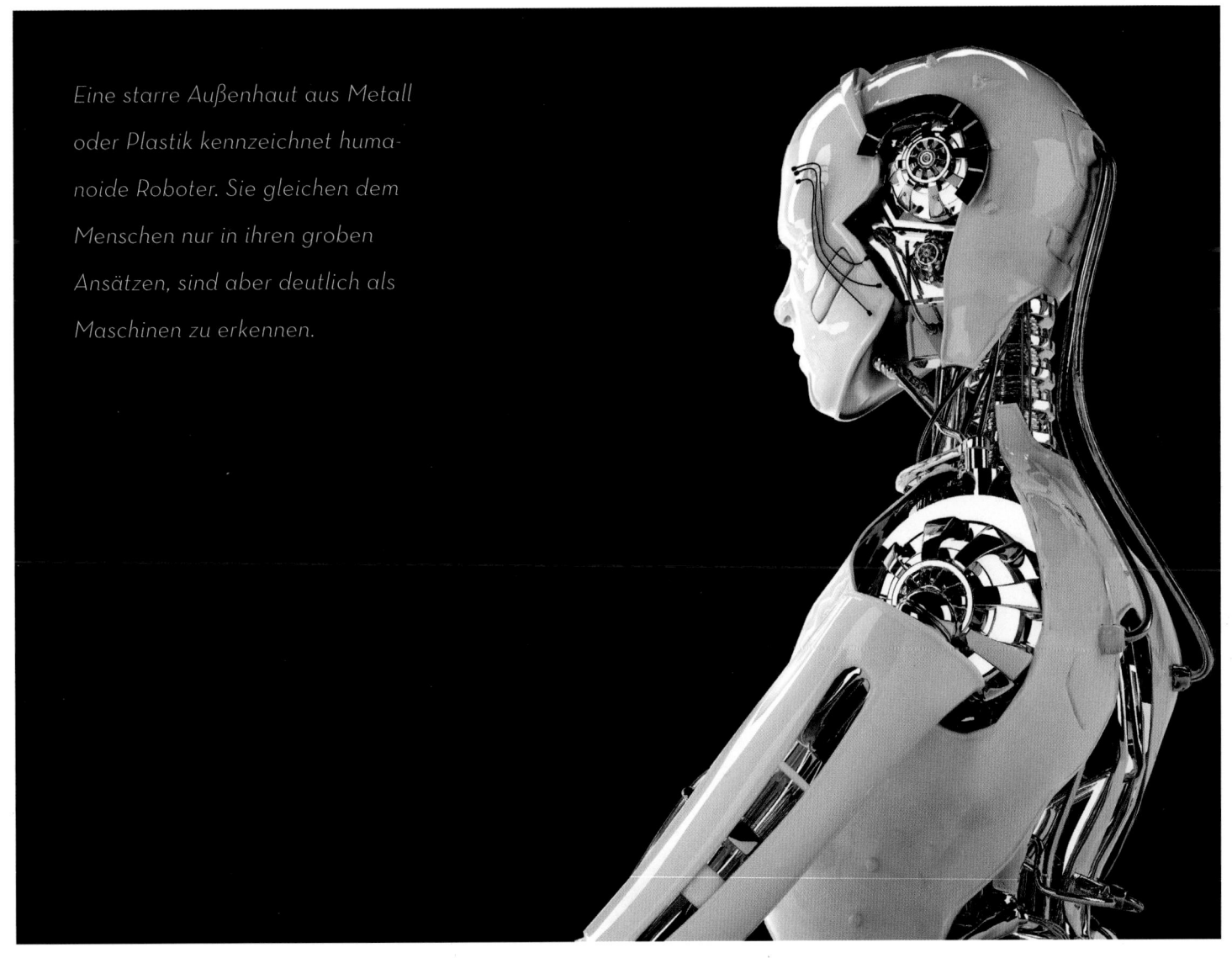

Eine starre Außenhaut aus Metall oder Plastik kennzeichnet humanoide Roboter. Sie gleichen dem Menschen nur in ihren groben Ansätzen, sind aber deutlich als Maschinen zu erkennen.

ROBOTIK   ARME, BEINE, RUMPF UND EIN KOPF

245

S. 238) dienen in Androiden für natürliche, fließendere Bewegungen.

Die wohl größten Fortschritte weltweit im Hinblick auf androide Roboter werden in den USA und Japan gemacht. In den USA ist es insbesondere David Hanson von Hanson Robotics, der mit seinen Roboterköpfen und Gesichtern Furore macht. Hanson hat sich auf die lebensechte Mimik seiner Maschinen spezialisiert. Er hat Frubber, von flexible rubber, also eine flexible, gummiartige Mas-

▼ *Gestik und Mimik des Klon-Roboters, der seinem Schöpfer Hiroshi Ishiguro zum Verwechseln ähnlich sieht, steuert dieser derzeit noch selbst. Allerdings setzt der Wissenschaftler seinen Klon-Roboter bereits als Vorlesungsvertretung ein.*

se entwickelt, die einerseits wie echte Haut aussieht und sich auch ähnlich anfühlt, und andererseits auch die Mimik eines menschlichen Gesichtes wie Stirnrunzeln, Lächeln und Lachen zulässt, indem sie zum Beispiel entsprechende Falten wirft und sich über „Muskeln" bewegen lässt. Auf diese Weise können seine Roboter namens Han, Jules oder Alice-Eve menschliche Gefühle wie Freude, Ärger, Verunsicherung, Müdigkeit, Trauer, Wut etc. simulieren. Eindrucksvoll ist Diego-san, ein Androide mit dem Gesicht eines Kleinkindes. Um eine intuive nonverbale Kommunikation zwischen einem erwachsenen Menschen und dem „Roboterkind" zu erreichen, analysierten Hanson Robotics die mimische Kommunikation von Müttern mit ihren Babys. Die dieser Mimik zugrundeliegenden sozialen, universell gültigen Regeln versuchten die Robotiker in Diego-sans Programmierung zu verankern. Trifft nun ein Mensch auf Diego-san, so analysiert der Roboter dessen Gesichtsausdruck und reagiert entsprechend, um mit ihm nonverbal zu kommunizieren und eine Beziehung zu seinem Gegenüber aufzubauen. Das hat einen erstaunlichen Erfolg: Obwohl Diego-san ganz offensichtlich eine Maschine ist – von seinen Gesichtszügen abgesehen –, lächeln die meisten Erwachsenen, wenn Diego-san sie anlächelt. Weint er, reagieren sie tröstend und mitleidig.

Der japanische Robotiker Hiroshi Ishiguro ist mit seinen Schöpfungen auf einem anderen Gebiet vorangekommen: Er kreiert unter anderem Androide nach einem lebenden Abbild, Geminoid genannt, lässt sie täuschend echt aussehen und setzt sie sogar als Ersatzmann ein. Sein eigener Geminoid etwa hält teilweise Vorlesungen an der Universität von Wakayama, während Ishiguro selbst gerade an der Universität von Osaka unterrichtet. Dann steuert sein Büro den Roboter, da dieser noch nicht autonom agieren kann. Auch dem dänischen Professor für computergesteuerte Erkenntnistheorie, Hendrik Schärfe, hat Ishiguro im Jahr 2011 eine maschinelles Ebenbild angepasst. Schärfes Geminoid übernahm ebenfalls bereits die eine oder andere Vorlesung für den Professor, dient zu Forschungszwecken und ging mit Schärfe sogar auf Reisen. Wie stark die Bindung des Professors zu seinem maschinellen Doppelgänger ist, wurde im Jahr 2013 in einem Interview gegenüber dem „UniSpiegel" (Ausgabe Heft 4/2013) deutlich: Schärfe empfand es als „unwürdig", dass sein Geminoid am Flughafen wie ein großes Gepäckstück gescannt werden muss, und er empfände es als Verletzung seiner eigenen Privatsphäre, wenn jemand das Hemd des Roboters aufknöpfen würde, um sein Innenleben zu studieren, so Schärfe gegenüber dem „UniSpiegel".

Viele Forscher meinen, mit solchen Entwicklungen wie denen von Hanson und Ishiguro, die vereinzelt sogar eine Identifikation mit dem Roboter hervorrufen, wäre nun auch das „uncanny valley", das „unheimliche Tal" der Robotik überwunden. Der Begriff, 1970 von dem japanischen Robotiker Masahiro Mori geprägt, beschreibt das Phänomen, dass der Mensch auf realistisch gestaltete Roboter ab einem gewissen Grad des Anthropomorphismus mit Widerwillen und Abneigung reagiert (womit er das uncanny valley betritt) und diese Abneigung erst dann in Akzeptanz umschlägt, wenn die Menschenähnlichkeit einen sehr hohen Grad erreicht hat. Das sei der Moment, in dem das unheimliche Tal verlassen werde und die allgemeine Akzeptanz dauerhaft bestehen bleibe.

Ob dem wirklich so ist, ist fraglich; Studien liegen dazu schlichtweg kaum vor. In Japan ist die Akzeptanz Robotern gegenüber sehr groß, was laut Ansicht der Japanologin Dr. Cosima Wagner auf die technologische Unterlegenheit des Landes nach dem Zweiten Welt-

▼ *Freude, Ärger, Trauer, Wut, Trunkenheit: Die Roboter des US-amerikanischen Unternehmens Hanson Robotics verfügen über Gesichter mit ausdrucksstarker Mimik.*

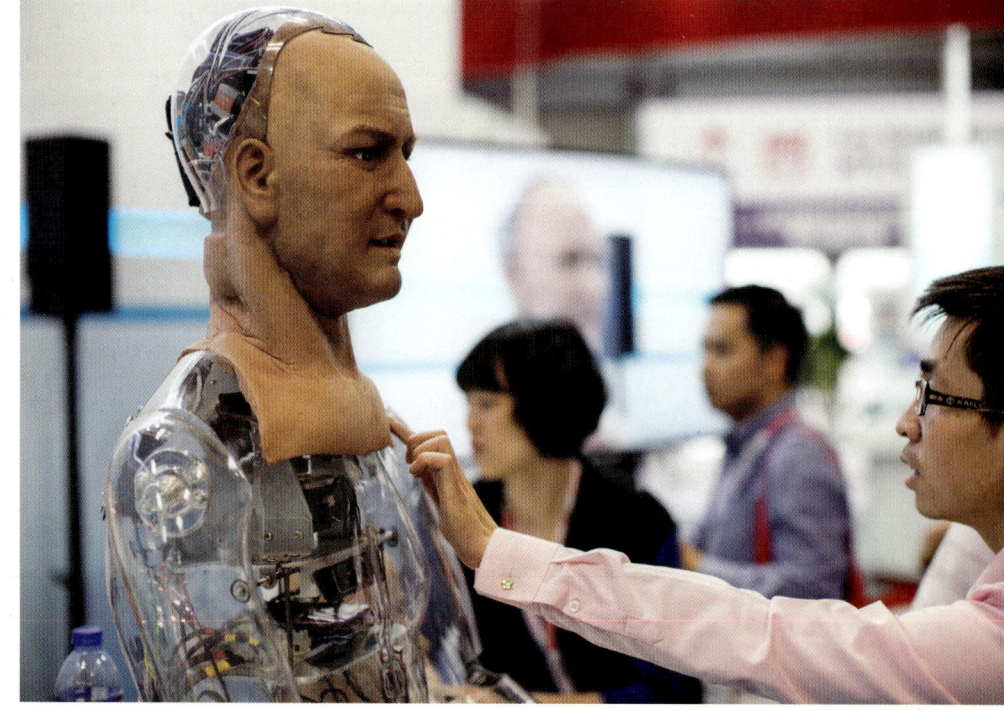

krieg zurückzuführen ist; auch in den Vereinigten Staaten von Amerika scheint die Annahme von Robotern recht hoch. Doch während in Japan humanoide wie androide Roboter und auch solche mit tierischem Äußeren bereits jetzt als Therapiemittel gegen Einsamkeit, zur Unterstützung der Pflege, in der häuslichen und schulischen Erziehung von Kindern eingesetzt werden, hat sich der Roboter in den europäischen Staaten selbst als Spielzeug kaum wirklich durchsetzen können. Ideen wie jene, in Altenheimen und Krankenhäusern Serviceroboter als Pflegepersonal einzusetzen – seien es humanoide oder androide –, werden in Europa noch nicht allzu gut angenommen.

In Bezug auf Künstliche Intelligenz (KI; im Englischen artificial intelligence, AI) aber gehen die Meinungen selbst in der Wissenschaft stark auseinander. Die setzt voraus, dass der Roboter mit einem „künstlichen Gehirn" – angelehnt an das menschliche – ausgestattet ist, mithilfe dessen er nicht nur vorgegebene, vorprogrammierte Probleme eigenständig lösen und ausführen kann, sondern dass er fähig wird, wie der Mensch durch Nachahmung zu lernen, kognitive Fähigkeiten zu entwickeln und eigenständig Probleme zu lösen. Betrachtet man solche Versuche wie die von Dr. Manfred Hild von der Beuth Hochschule für Technik in Zusammenarbeit mit der

„DIE SCHÖPFUNG IST NIEMALS VOLLENDET."

Immanuel Kant

Komischen Oper Berlin, einen Roboter über eineinhalb Jahre dem Ensemble der Oper für das Stück „My Square Lady" an die Seite zu stellen, ihn lernen zu lassen wie einen Menschen, um ihm anschließend die Hauptrolle des Stückes zuzuweisen, so scheint keine große Gefahr von der Künstlichen Intelligenz auszugehen. Der Roboter Myon wurde in der Aufführung als lethargisch wahrgenommen, Gesang, Schauspielkunst und gar in einer Form, die das Publikum rühren könnte, waren nicht zu finden. Doch solche Versuche täuschen: Der menschlichen Intelligenz ebenbürtige KI rückt für viele Wissenschaftler in greifbare Nähe. Und so wird einerseits an Universitäten und Unternehmen weiterhin hinsichtlich der KI geforscht und diese wo immer möglich eingesetzt. Andererseits fordern namhafte Wissenschaftler – darunter auch führende Köpfe der KI-Entwicklung wie beispielsweise Demis Hassabis, der Mitbegründer des KI-Programmierunternehmens und mittlerweile Google-Tochter DeepMind, oder der Physiker Stephen Hawking – in ei-

> **„MANCHE SORGEN SICH DARUM, DASS WIR UNS GEGENÜBER KÜNSTLICHER INTELLIGENZ MINDERWERTIG FÜHLEN WERDEN. DOCH JEDER MIT KLAREM VERSTAND SOLLTE SCHON EINEN MINDERWERTIGKEITSKOMPLEX ENTWICKELN, WANN IMMER ER EINE BLUME BETRACHTET."**
>
> Alan C. Kay, amerikanischer Informatiker

nem offenen Brief des Future of Life Institute, künftig ein Hauptaugenmerk auf die Sicherheit von KI-Systemen zu legen. Bei der exponenziellen Entwicklung in dem Bereich wäre es sonst durchaus wahrscheinlich, dass Systeme erschaffen würden, über die der Mensch die Kontrolle verlieren würde. Hawking warnt schon lange davor, dass Roboter für Menschen nicht nur eine Bedrohung auf dem Arbeitsmarkt darstellten – das gelte bereits für die heutigen „unintelligenten" Roboter –, sondern dass die menschliche Art generell in Gefahr sei, da die Künstliche Intelligenz mit der Zeit den menschlichen Geist in Sachen Logik übertreffen würde. Elon Musk, Gründer der Raumfahrtfirma SpaceX und von Tesla Motors, das sich auf die Herstellung von Elektroautos spezialisiert hat, glaubt sogar, dass aufgrund der Entwicklungen von Künstlicher Intelligenz die Gefahr bestehe, „dass binnen 5 Jahren etwas ernsthaft Gefährliches passiert" (zit. nach Manager magazin, 17.11.2014).

Solchen Weltuntergangsideen zum Trotz: So sehr man den Nutzen vieler Roboter – etwa den der Geminoiden Ishiguros – infrage stellen kann und sollte: Der Mensch profitiert von der Robotik inklusive der KI allein in medizinischer Hinsicht. Das gilt nicht zuletzt für Stephen Hawkings selbst, dessen „intelligenter" Sprachcomputer allein mit seinen Augen und einem Wangenmuskel gesteuert werden kann und der mittlerweile bereits im Vorhinein Worte des Wissenschaftlers auswählt, die dieser wahrscheinlich verwenden möchte. Und so wächst die Gemeinde derer, die eine Vermischung von Mensch und Maschine, also eine Art Cyborgisierung, der Gesellschaft befürworten.

▶ *Roboter Myon mit Darstellern und Sängern auf der Bühne der Komischen Oper in Berlin bei der Probe zu „My Square Lady", in der der Roboter aus dem Forschungslabor der Beuth Hochschule für Technik Berlin mitwirkte.*

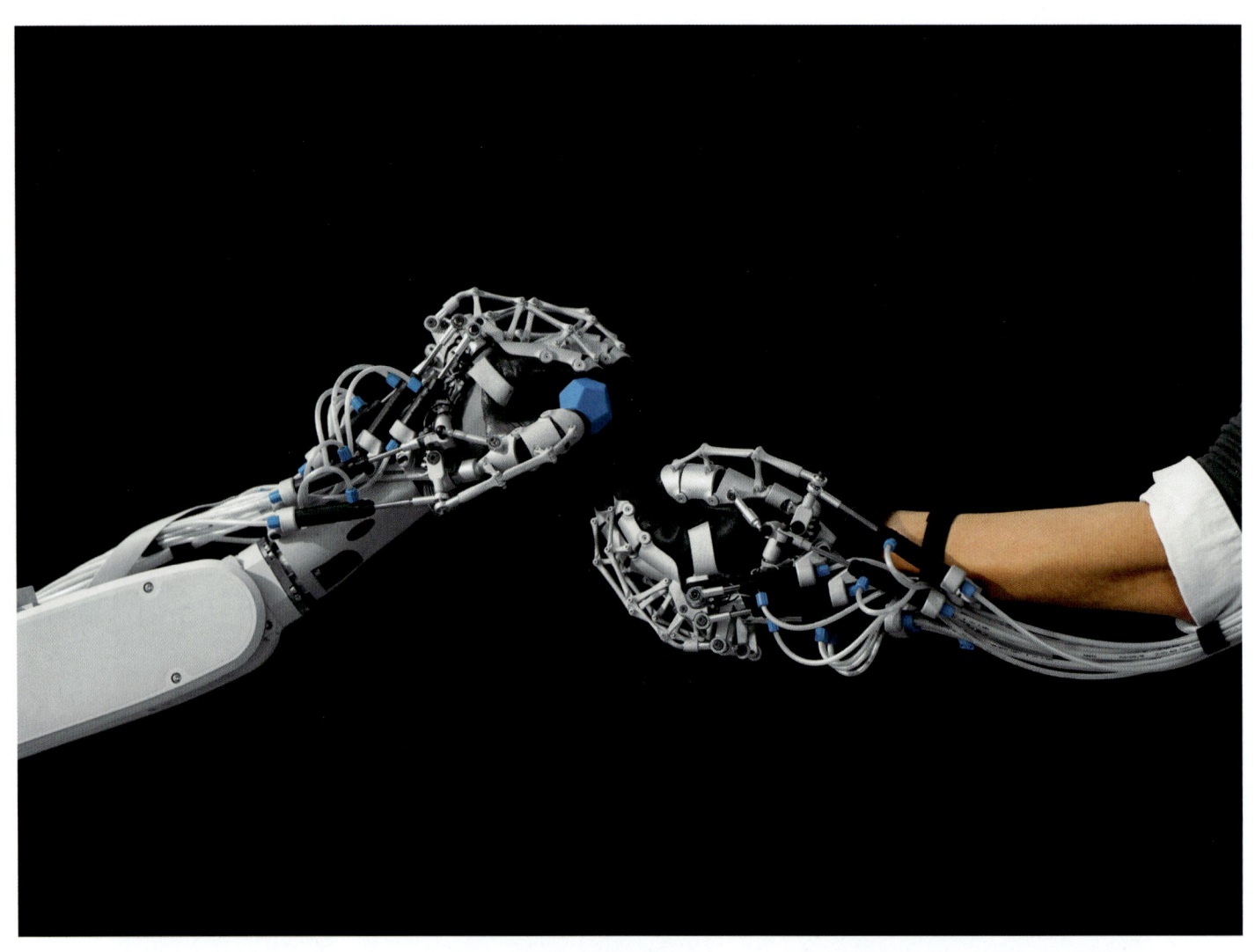

MENSCH UND MASCHINE – CYBORGS AUF DEM VORMARSCH?

Bei der Fußballweltmeisterschaft 2014 in Brasilien sollte ursprünglich ein querschnittsgelähmter Mann, der 28-jährige Juliano Pinto, zum Anstoßpunkt des Spielfeldes laufen und mit seinem eigenen Fuß symbolisch die WM anstoßen.

Dass dies in dieser Form nicht glückte, lag nicht daran, dass Pinto nicht laufen kann, sondern wohl eher an Fifa-internen Problemen. Denn das Laufen ermöglichte ihm ein Exoskelett, mit dem er jedoch nur bis zur Seitenlinie gehen durfte. Dort wurde der Anstoß – vom Publikum kaum beachtet – innerhalb weniger Sekunden über die Bühne gebracht. Doch der Anzug selbst, an dem mehr als 100 Forscher in sechs Ländern im „Walk Again Project" gearbeitet haben, funktionierte tadellos.

Die sogenannte ExoHand der Esslinger Festo AG ist ein Exoskelett, das wie ein Handschuh angezogen werden kann. Mit ihr lassen sich Finger aktiv bewegen, die Kraft in den Fingern verstärken sowie Bewegungen der Hand aufnehmen und in Echtzeit auf Roboterhände übertragen.

Exoskelette, also Skelette, die außen am Körper angebracht sind, sind in der militärischen und der zivilen Nutzung bereits umgesetzt: Fern- oder durch Körperbewegungen gesteuert, dienen sie dazu, Soldaten oder beispielsweise Werftarbeiter kräftemäßig zu unterstützen. So testete die US Navy das Exoskelett Fortis des Rüstungskonzerns Lockheed Martin mit dem Ergebnis, dass der Anzug die Muskeln der Soldaten um das 300-Fache entlastet. Werftarbeiter, die den Anzug ebenfalls testeten, steigerten ihre Produktivität um bis zu 27 Prozent, konnten sie doch nun deutlich länger arbeiten, ohne zu ermüden. Das Exoskelett Talos, eigentlich die Abkürzung für Tactical Assault Light Operator Suit, doch ebenso an den von Hephaistos geschmiedeten Eisenmann gleichen Namens erinnernd, wird von der US-Armee selbst in Zusammenarbeit mit Lockheed Martin entwickelt. Er soll besonderen Schutz für Soldaten bieten, die Waffen direkt integrieren und bereits ab 2018 endgültig einfache

▶ *Ein Roboterarm greift nach einer Flasche. Der Arm kann durch ein im Gehirn eingesetztes Implantat – und zwar allein mit der Kraft der Gedanken – gesteuert werden. Von diesem Versuch berichtet ein Forscherteam aus Deutschland und den USA im Fachblatt „Nature". Weitere Entwicklungen erlauben es Gelähmten möglicherweise in Zukunft, viel schnellere und geschicktere Bewegungen auszuführen. Foto: DLR*

Menschen in Kampfmaschinen oder gegebenenfalls in der zivilen Nutzung in Arbeitsmaschinen verwandeln. Das gilt nicht für die medizinischen Exoskelette: Das äußerliche Skelett, in Leichtbauweise hergestellt, soll den Körper von querschnittsgelähmten Menschen stützen und aufrichten. Über in einem Helm integrierte Elektroden werden Gedankenwellen aufgenommen und das Exoskelett gesteuert. Das funktioniert bereits, ist aber noch nicht so ausgereift, dass eine 100-prozentige Standfestigkeit gesichert ist. Zudem halten die Batterien, am Rücken des Anzugs angebracht, bislang nur für einen Gang von etwa 2 Stunden. Doch die Forscher sind zuversichtlich, dass sich der Anzug, der einem Ganzkörperkorsett gleicht, innerhalb der nächsten 10 bis 15 Jahre etablieren könnte. Bereits bewährt haben sich fern- oder mechanisch gesteuerte Exoskelette, die in der medizinischen Rehabilitation eingesetzt werden, doch es ist natürlich die gedankliche Steuerung, die eine wahre Revolution für alle gehbehinderten Menschen bilden würde. Mit der Möglichkeit allerdings, dass mit der Zeit der Helm durch ein Implantat im Gehirn ersetzt würde.

Das ist keine abwegige Science-Fiction-Idee: Implantate in beinahe allen Teilen unseres Körpers sind bereits jetzt gang und gäbe; das Gehirn bildet da keine Ausnahme. Herzschrittmacher, Hüftgelenke, Stents und andere Gefäßprothesen sind mittlerweile beinahe Normalität, hochtechnisierte Arm- und Beinprothesen, mit denen der Träger sogar fühlen kann, weil sie mit den natürlichen Nerven in Verbindung stehen, sind bereits entwickelt, ebenso wie einige Implantate, die keine Zukunftsmusik mehr sind: Mit ihnen können Lahme gehen (durch das Exoskelett), Stumme wieder reden (durch einen Gehirnchip), Taube hören (dank einem Cochlea-Implantat, also einem Implantat, das die menschliche Hörschnecke nachbildet) und Blinde sehen (durch ein Retina-Implantat). Faktisch wird der Träger solcher Implantate zum Cyborg, denn der wird laut Duden als Mensch definiert, in dessen Körper technische Geräte als Ersatz oder zur Unterstützung nicht ausreichend leistungsfähiger Organe integriert sind. Ein guter Teil der Menschheit zählt also längst zu den Cyborgs. Doch allmählich gehen einige Menschen weit darüber hinaus und integrieren in den eigenen Körper Prothesen und Implantate, wo diese medizinisch nicht einmal ansatzweise nötig sind. Ohne Not lassen sich Menschen zum Beispiel Magnete in ihre Finger implantieren, um elektromagnetische Felder in ihrer Nähe zu spüren. Sie werden auch Bodyhacker genannt und streben danach, beispielsweise ihre Sinne durch die Technik

DIE NATUR IST NICHT GENUG –

DIE TRANSHUMANISTISCHE BEWEGUNG

Seit Jahrhunderten glauben wir Menschen, wir seien der Natur durch unsere Technik überlegen. Mittlerweile müssten wir es besser wissen, sind unsere Unzulänglichkeiten beispielsweise in Bezug auf Konfliktlösungen, auf Abfallvermeidung und Umweltverträglichkeit, auf sinnvolle Überlebensstrategien, auf Materialien und Bautechniken doch – aller technischen Erfolge zum Trotz – recht offensichtlich. Die Bionik versucht seit Jahrzehnten, hier Abhilfe zu schaffen, indem sie sich wieder mehr an der Natur orientiert, die schließlich für alles nahezu perfekte Lösungen fand. Und doch ist gerade die bionischste Disziplin überhaupt, die Robotik, diejenige Fachrichtung, in deren Umfeld sich bereits die nächste Generation von Wissenschaftlern, Unternehmern, Politikern und deren Anhängern zusammenfindet, die fest an die Verbesserung der Natur durch die Technik glaubt und diese mit allen Mittel voranzutreiben sucht. Dieses Mal steht der Mensch selbst im Zentrum der Verbesserung, ihn gilt es zu optimieren, zu verbessern und zu korrigieren, ja über ihn hinauszugehen, indem die biologischen Grenzen des Menschen in physischer, kognitiver und geistiger Hinsicht überwunden werden.

In den USA haben es die Vertreter dieser als Transhumanismus bezeichneten Bewegung geschafft, eine eigene politische Partei aufzubauen. Doch auch weltweit wächst die Gefolgschaft des Transhumanismus im Bestreben, eine Verschmelzung von Mensch und Computer sowie eine generelle Umwälzung der Gesellschaft in Richtung Technik zu erringen. Auf diese Weise könne der Mensch einerseits mit der Künstlichen Intelligenz mithalten, die ihn sonst zu übertrumpfen in der Lage wäre, auf der anderen Seite würde der Mensch durch implantierte technische Hilfsmittel leistungsfähiger, seine Sinne geschärft, sein Geist könne der zunehmenden Datenflut standhalten, der Körper wäre dem Verfall nicht mehr preisgegeben. Der letzte Schritt der Transhumanistischen Bewegung ist es, den Tod durch eine Nanobotmedizin, durch die nanogroße Roboter Krankheiten aus den Blutbahnen und dem menschlichen Gewebe eliminieren, gänzlich zu überwinden. Darüber hinaus sollen digitale Kopien der menschlichen Gehirne in einem robotischen Avatar (ähnlich Ishiguros Geminoid) gespeichert werden – für den Fall, dass sich der Tod doch nicht ganz überwinden lassen sollte.

Für die gigantische Überbevölkerung, die unweigerlich auf die Erde zukommen würde, sollte kaum ein Mensch mehr sterben, haben die Transhumanisten noch keine Lösung. Auch für andere Bereiche, wie die Kontrolle Künstlicher Intelligenz u. ä., erkennt die Bewegung durchaus Gefahren – und doch sehen sie in der Verbesserung des Menschen insbesondere auch eine Verbesserung der gesamten Gesellschaft.

Armut, Wirtschaftskrisen, Umweltprobleme – das alles soll durch den Transhumanismus beseitigt werden. Aber vor allem würde der Mensch effizienter, nützlicher, allseits verfügbar, er denkt maschinell, nämlich rein logisch.

Das ist eine gefährliche Bewegung, die allein durch die Versprechen auf ein besseres Leben viele Anhänger finden wird. Der Mensch, vor allem auch als Individuum, sein Geist, seine Kultur, sein Glück, bleiben mit diesem Denken auf der Strecke. Effizienz, Nutzen, Logik stehen im Fokus eines Lebens, das seinen tatsächlichen Sinn verlieren wird, wenn der Mensch selbst mehr Maschine als Mensch ist.

zu erweitern oder sogar neue zu erschaffen – etwa einen elektromagnetischen Sinn. Angelehnt seien solche Sinne, so die Argumente einiger Bodyhacker für ihre Implantate, an die der Tierwelt, beispielsweise an die von Haien und Meeresschildkröten, die über einen inneren Kompass verfügen, der ihnen anhand des magnetischen Feldes der Erde Aufschluss über ihre Position im Meer gibt. Deren magnetischer Sinn sei nun Vorbild für einen (elektro)magnetisch-technischen Sinn des Menschen. Der Mensch wird also seinerseits zu einem bionischen Produkt.

Die Bodyhacker ihrerseits scheinen wiederum die technischen Testpersonen einer Bewegung zu sein, die sich für die Überwindung des Menschen einsetzt, des Transhumanismus.

SENSORIK

SPRENGSTOFF- DETEKTOREN INSPIRIERT DURCH DEN SEIDENSPINNER

Wenn Hunde die Fährte von Menschen über mehrere Kilometer zurückverfolgen, Schlangen Temperaturunterschiede von einem hundertstel Grad erfühlen, Fledermäuse über Echoortung selbst haardünne Hindernisse erkennen oder Delfine den Ruf ihrer Artgenossen über Kilometer hinweg wahrnehmen, dann wird eines deutlich: Tiere sind dem Menschen in ihren Sinnesleistungen oft haushoch überlegen oder verfügen über Sinneswahrnehmungen, die dem Menschen nicht zu eigen sind, so zum Beispiel den Magnetsinn oder Ferntastsinn.

▶ Lange Zeit war der Seidenspinner Bombyx mori einzig für die Herstellung von Seide von Bedeutung. Mittlerweile ist das Insekt jedoch vor allem wegen seines überaus sensiblen Geruchssinns von Interesse.

Es liegt daher nahe, die einzelnen Mechanismen dieser außergewöhnlichen sensorischen Befähigungen eingehend zu erforschen und auf die Frage hin zu prüfen, ob sie auf technische Anwendungen zu übertragen sind.

„ÜBER DIE NATUR LERNEN IST DAS EINE.
VON DER NATUR LERNEN –
DAS IST DER EIGENTLICHE SCHLÜSSEL."

Janine Benyus, Naturwissenschaftlerin

Inspiriert durch die Sensorsysteme im Tierreich, verfolgen wissenschaftliche Forschungsinstitute derweil unterschiedlichste Ansätze zur Entwicklung hochsensibler Sensortechnologie: Lässt sich die Fähigkeit von Hunden und anderen geruchssensiblen Tieren, Drogen, Sprengstoff oder Chemikalien zu registrieren, auf technische Geruchssensoren übertragen? Können wir uns die Echolotortung von Fledermäusen für Navigationssysteme zunutze machen oder liegt in den Infrarotrezeptoren von Insekten die Zukunft in der frühzeitigen Erkennung von Brandherden? – Noch hält sich die Anzahl serienreifer Produkte in Grenzen, doch angesichts der Tatsache, dass die Natur Hunderte Millionen Jahre Zeit zur Optimierung ihrer Wahrnehmungssysteme hatte, währt der Zeitraum bionischer Forschung nicht länger als ein Wimpernschlag. Einige sensorische Mechanismen aus dem Tierreich stoßen auf das besondere Interesse der Bioniker. Sie befinden sich in unterschiedlichen Stufen der Entwicklung und geben eine Vorstellung von den Möglichkeiten und der Bandbreite naturinspirierter technischer Sensorsysteme.

Seine Fähigkeit des Seidenspinnens war lange Zeit der einzige Grund für das Interesse des Menschen an dem Maulbeerspinner *Bombyx mori*. Seit einigen Jahren jedoch erforschen Wissenschaftler aus einem weiteren Grund das gut 3 Zentimeter große Insekt, denn es verfügt über einen höchst sensiblen Geruchssinn, der es ihm ermöglicht, selbst einzelne Pheromonmoleküle in der Luft wahrzunehmen. Diese Fähigkeit inspirierte das deutsch-französische Forschungsinstitut Saint-Louis (ISL) zusammen mit dem französischen Forschungsverbund CNRS dazu, den Wahrnehmungsapparat des Seidenspinners genau zu erforschen. Die Antennen, so zeigt sich, sind übersät mit Riechsensillen in Gestalt feinster Härchen und diese sprechen vor allem auf einen Duftstoff an: den Sexuallockstoff Bombykol. Nun ist es gelungen, den Aufbau aus feinsten Härchen, die direkt mit Sinnesneuronen verbunden sind, auf einen technischen Sensor zu übertragen, der Sprengstoffe aufspüren kann. Dafür wurde ein Mikrocantilever aus Silizium, den man sich als schwingfähigen Träger vorstellen kann, mit einem Material beschichtet, das Moleküle des gesuchten Duftstoffs bindet. Werden solche Moleküle gebunden, verändert sich die Masse des Trägers und damit auch die Frequenz, mit der er schwingt. Und eben diese Veränderung lässt sich messen.

Damit selbst geringste Spuren beispielsweise des Sprengstoffs TNT ausfindig gemacht werden können, ist der Mikrocantilever mit rund 500 000 (!) Nanoröhrchen aus Titandioxid bestückt. Diese übernehmen gewissermaßen die Rolle der Riechsensillen beim Seidenspinner und sind wie bei dem natürlichen Vorbild vertikal angeordnet. Der zweifache Vorteil dieser Konstruktion: Titandioxid bindet jene Stoffe besonders gut, die – wie TNT – Nitrogruppen enthalten. Zudem wird die Oberfläche des Mikrocantilevers durch die Vielzahl der Röhrchen deutlich erhöht, was dem Sensor eine so große Sensibilität verleiht, dass TNT-Konzentrationen von 800 ppq nachgewiesen werden konnten, das heißt: 800 Duftmoleküle auf 1 Billion Moleküle Luft reichen aus, damit der Mikrodetektor reagiert. Mit dieser hohen Empfindlichkeit ist der Sensor eine echte Alternative zu Spürhunden in Bahnhöfen, Flughäfen und anderen Risikobereichen und kann zudem überall dort eingesetzt werden, wo der Nachweis für das Vorhandensein von Umweltgiften von Bedeutung ist.

INFRAROTSENSOREN NACH DEM VORBILD DES SCHWARZEN KIEFERN-PRACHTKÄFERS

Wenn im Spätsommer nach Phasen beständiger oder extremer Trockenheit die Gefahr von Waldbränden steigt und Förster, Feuerwehr und Naturschutzbehörden in Alarmbereitschaft versetzt sind, bricht die Hochzeit des Schwarzen Kiefernprachtkäfers *Melanophila acuminata* an.

Wo immer Wälder durch Nachlässigkeit von Waldbesuchern, Brandstiftung oder Blitzschlag in Brand geraten, kann der bis zu 12 Millimeter große Käfer zur Stelle sein. In einer Kulisse aus Zerstörung, Schwelbränden und noch glimmenden Hölzern paart sich das Insekt, und schon bald darauf beginnt das Weibchen mit der Eiablage. Doch warum wird der Käfer von Waldbränden nahezu magisch angezogen, während beinah alle anderen Tiere die Brandherde fluchtartig verlassen? – Die verblüffende Antwort lautet: Erst die lebensfeindliche Kulisse abgebrannter Bäume garantiert das Überleben dieser

Waldbrände verursachen jedes Jahr nicht nur immense Schäden an Natur und Umwelt, sondern sind eine tödliche Gefahr für Mensch und Tier. Die möglichst schnelle Aufdeckung von Brandherden ist die wichtigste Maßnahme zur Eindämmung dieser Katastrophen.

Insektenart, denn die Larven ernähren sich nach dem Schlüpfen von eben diesem verbrannten Holz. Gesunde Bäume würden auf diese Fressattacken mit Abwehrmaßnahmen in Form von Harz- oder Giftstoffabsonderungen reagieren, die den Larven zusetzen und die Population gefährden. Indem der Schwarze Kiefernprachtkäfer seine Brut jedoch in die verkohlte, noch warme Rinde von Bäumen legt, gewährt er seinen Nachkommen einen zweifachen Schutz: Die Larven sind vor Harz und pflanzeneigenen Giften geschützt und können sich zudem nahezu unbehelligt von Fressfeinden oder Fresskonkurrenten prächtig entwickeln.

▼ *Forscher der Hochschule Magdeburg-Stendal (FH) entwickeln derzeit den Lösch-Käfer OLE (Offroad-Löscheinheit), der große Waldregionen mithilfe von Infrarot und Biosensoren überwacht, Brandherde entdeckt und sofort meldet und bekämpft. Der Lösch-Roboter ortet bei günstiger Windrichtung ein Feuer in einer Entfernung bis zu einem Kilometer.*

Voraussetzung für dieses außergewöhnliche Verhalten ist die Fähigkeit, Waldbrände selbst aus großen Entfernungen aufzuspüren, und hierin erweist sich *Melanophila acuminata* als wahrer Meister. Waldbrände in näherem Umkreis identifiziert der Käfer über seinen hochsensiblen Geruchssinn, dessen sensorisches Zentrum in den Fühlern angesiedelt ist. Für weiter entfernt liegende Brandherde kommt indes ein anderer hochempfindlicher Wärmesensor zum Einsatz: Wie mit dem Rasterelektronenmikroskop zu sehen ist, befinden sich an beiden Seiten des Körpers auf Höhe des mittleren Beinpaares Areale mit jeweils 60 bis 70 bündelartigen Infrarotsensoren, die sich aus einfachen, auf Druck reagierenden Mechanorezeptoren entwickelt haben. Die Fortsätze dieser Mechanorezeptoren münden in einer winzigen, mit Flüssigkeit gefüllten Kugel, die man sich gewissermaßen als Druckbehälter vorstellen muss. Liegt eine Hitzequelle in Form eines Waldbrandes vor, wird vor allem Wärmestrahlung einer bestimmten Wellenlänge freigesetzt, die von den Infrarotsensoren in besonderer Weise absorbiert wird. Unter dieser Einwirkung erwärmt sich die Flüssigkeit in der Druckkammer, dehnt sich aus und drückt so auf den Mechanorezeptor. Dieser Reiz wird in einen elektrischen Impuls umgewandelt, der schließlich zu der Information führt: In der Umgebung liegt eine Hitzequelle vor.

Genau diese Information wäre für den Menschen mehr als Gold wert, denn jedes Jahr richten Waldbrände weltweit nicht nur Schäden in zweistelliger Milliardenhöhe an, sondern fordern auch immer wieder Todesopfer. Ein sensibles Frühwarnsystem erwiese sich als die effektivste Form im Kampf gegen die Ausbreitung unkontrollierter Waldbrände. Im Forschungszentrum caesar in Bonn wird deshalb fieberhaft geforscht: In staubfreien Reinräumen arbeitet man akribisch an der Entwicklung mikrobionischer Sensoren, die, so die Hoffnung des Forscherteams, in den nächsten Jahren als Frühwarnsystem zum Einsatz gebracht werden können. Sie folgen in weiten Teilen dem natürlichen Vorbild: Die mit Wasser gefüllte Druckkammer des Sensors ist mit einem Fenster ausgestattet, das für Infrarotstrahlung durchlässig ist. Durch die einfallende Strahlung erwärmt sich die Flüssigkeit und dehnt sich aus. Für den Ersatz des Mechanorezeptors beim Käfer fand man folgende Lösung: Oberhalb der Druckkammer befindet sich eine flexible, mit einer Goldschicht versehene Membran, der sich nach oben – nur wenige Mikrometer entfernt – eine zweite Goldschicht anschließt. Die Goldschichten fungieren als Mikrokondensator, dessen Kapazität sich mit zunehmendem Druck in der Druckkammer ändert. Und eben diese Kapazitätsänderung kann als Signal ausgewertet werden. Um zu verhindern, dass der Sensor auch bei langsamen Temperaturveränderungen mit Alarmsignalen reagiert, musste dabei eine Druckausgleichskammer geschaffen werden, die beim Käfer in Gestalt von Nanokanälen vorliegt. Bedenkt man, dass der gesamte Sensor nur wenige Quadratmillimeter groß ist, grenzt es an ein Wunder, dass derart viele technische Elemente Platz finden und tatsächlich funktionstüchtig sind. Ob die bionischen Wärmesensoren allerdings die Sensibilität ihres natürlichen Vorbilds erreichen werden, ist zurzeit noch nicht abzuschätzen.

BLINDENSTOCK DANK ECHOLOTTECHNIK

Sehen durch Schall – das ist, vereinfacht ausgedrückt, die beeindruckende Technik, mit der Fledermäuse selbst in dunkelster Nacht Hindernisse und fliegende Beuteinsekten wahrnehmen. Grundlage dieses aktiven Orientierungssystems sind Ortungsrufe, die in kurzen zeitlichen Abständen von den Säugetieren erzeugt werden.

Anhand des Schalls, der von Gegenständen zurückgeworfen wird, können sie ihre Umgebung erfassen – und das auf so präzise Art und Weise, dass haardünne Hindernisse ebenso erfasst werden wie die Geschwindigkeit und die Art von Beuteinsekten.

Was die Entschlüsselung dieser Echoortungstechnik so schwer machte, ist die Tatsache, dass die Rufe der Fledermäuse in dem Ultraschall-Frequenzbereich zwischen 15 und 150 kHz liegen und für den Menschen als solche fast nicht wahrnehmbar sind. Hiervon ahnte der italienische Naturforscher Lazzaro Spallanzani (1729–1799) noch nichts, als er sich in der zweiten Hälfte des 18. Jahrhunderts dem Orientierungsvermögen der Fledermäuse widmete und erstaunt feststellte, dass der Seh- oder Geruchssinn der Tiere ohne

▲ *Bei ihrer nächtlichen Jagd senden Fledermäuse Ultraschallwellen aus, die von ihrer Beute reflektiert werden. Durch das reflektierte Signal wissen sie genau, mit welcher Geschwindigkeit sich ihre Beute relativ zu ihrem eigenen Körper bewegt.*

Beeinträchtigung auf das akrobatische Flugvermögen der Tiere ausgeschaltet werden kann. Verstopft man den Tieren allerdings ihre Ohren mit Wachs, flattern sie orientierungslos durch den Raum und erkennen Hindernisse nicht mehr. Diese Beobachtung verwunderte Spallanzani umso mehr, da er keinerlei Ortungsrufe wahrnehmen konnte. Dies gelang erst Mitte des 20. Jahrhunderts mit der Entwicklung von Messgeräten zur Aufzeichnung der Hochfrequenzrufe.

Heute, über 60 Jahre später, haben sich Kenntnisse über Fledermäuse weiter differenziert und vor allem präzisiert. Die Kehlkopf-
muskeln, mit denen die Ortungslaute erzeugt werden, können sich
in einer Geschwindigkeit zusammenziehen, die bei Säugetieren
höchst ungewöhnlich ist, sodass sie bis zu 190 Töne pro Sekunde
erzeugen können. Dank dieser Fähigkeit navigiert die Fledermaus
sicher und mit einer unglaublichen Schnelligkeit durch die tiefste

Finsternis – und genau das macht sie zu einem idealen Vorbild für die Entwicklung technischer Geräte, die dem Mensch überall dort eine Hilfe sein sollen, wo seine Sehfähigkeit beeinträchtigt oder nicht vorhanden ist.

Mittlerweile sind zwei Produkte auf dem Markt, die Blinden eine Orientierungshilfe im Alltag sein können, indem sie Informationen über die Umgebung per Ultraschall erfassen. Bei dem Produkt Ultracane handelt es sich um einen Blindenstock, dessen Ultraschallsender 60 000 nicht hörbare Impulse pro Sekunde erzeugt. Über Sensoren, die die Reflexionen aufnehmen, können Hindernisse aufgespürt werden, die sich – je nach gewähltem Modus – in 2 oder 4 Meter Entfernung und etwa 1,60 Meter über der Person befinden. 4 Knöpfe am Blindenstock geben per Vibration das Signal an die Person, welche Richtung sie einschlagen soll, um dem Hindernis aus dem Weg zu gehen.

Auch das Funktionsprinzip des Blindenhandschuhs Tacit beruht auf der Ultraschalltechnik. Ultraschallsignale werden erzeugt, über Mikrocontroller ausgewertet, doch hier wird der Träger des Handschuhs per Druck auf den Handrücken über Hindernisse informiert. Je stärker der Druck, desto geringer der Abstand zu dem Gegenstand.

Dass sich Menschen ohne jegliche Sehkraft nach einer Zeit des Trainings auch ohne technische Geräte orientieren können, beweisen einige Blinde auf eindrucksvolle Art und Weise. Sie erzeugen ihre eigene Sonartechnik durch Schnalzgeräusche mit der Zunge und können – je länger sie diese Technik anwenden und nutzen – erstaunlich gute Wahrnehmungsergebnisse erzielen. Im Fall des Amerikaners Daniel Kish, der auch als „Fledermausmann" bekannt ist, reicht die Echoortung so weit, dass er sich mit dem Fahrrad unfallfrei durch Straßen mit parkenden Autos und anderen Hindernissen bewegen kann oder gar an Ballspielen teilnehmen kann.

REICHWEITE DES BLINDENSTOCKS
ULTRACANE

❶

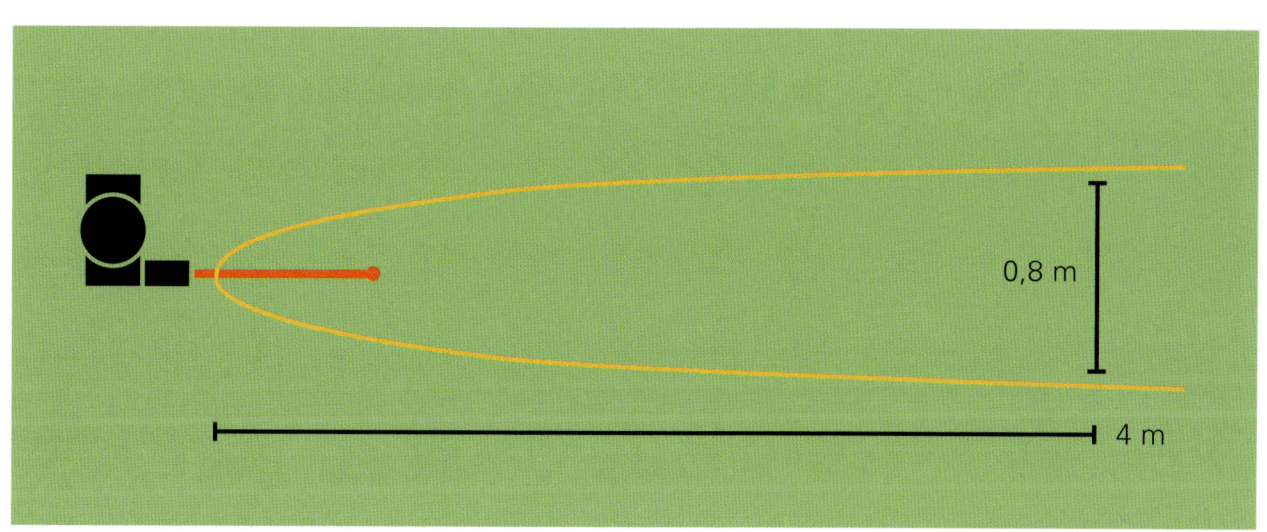

0,8 m

4 m

❷

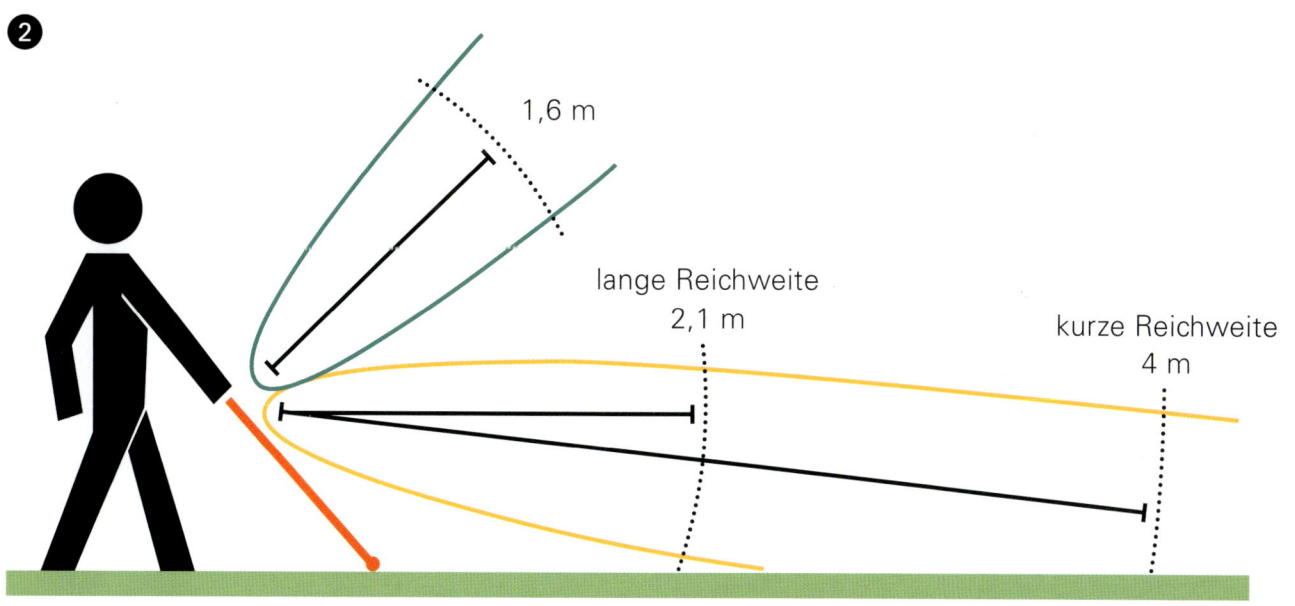

1,6 m

lange Reichweite
2,1 m

kurze Reichweite
4 m

TSUNAMI-FRÜHWARNSYSTEM NACH DEM VORBILD VON DELFINEN

Schnalz- oder Klackgeräusche spielen auch bei Meerestieren eine entscheidende Rolle, dienen sie doch zum einen der Orientierung, zum anderen der Kommunikation. Mittlerweile sind die charakteristischen Pfiffe, Quietsch- und Klackgeräusche der Delfine oder die Gesänge der Wale sehr gut erforscht.

▶ *Delfine und Wale dienten als Vorbild für die Entwicklung von Ultraschallmodems, dank derer Veränderungen des hydrostatischen Drucks, die Hinweis auf einen Tsunami sein können, an Messstationen übertragen werden.*

So weiß man, dass die Tiere in einer großen Frequenzbandbreite kommunizieren, die nicht zuletzt dazu dient, Störeinflüssen wie Rauschen oder Nachhall entgegenzuwirken. Dank der ständigen Frequenzänderungen ist eine komplexe Kommunikation möglich, die Signaturpfiffe, die einer Namensgebung gleichkommen, ebenso einschließen wie Warnsignale oder Hinweise über Nahrungsvorkommen. Eben diese Technik haben sich Forscher zunutze gemacht, um ein Tsunami-Frühwarnsystem namens „German Indonesian Tsunami Early Warning System" (GITEWS) zu entwickeln, dessen Datenerfassung und -übertragung kabellos funktioniert.

Bislang konnten Messdaten über seismische Bewegungen, die Sensoren am Meeresboden aufzeichneten, nur per Kabel an entsprechende Empfängerstationen gesendet werden – ein ebenso aufwändiges wie anfälliges Verfahren. Ein Ultraschallmodem kann hier Abhilfe schaffen: Seismische Sensoren am Meeresgrund messen den hydrostatischen Druck und registrieren kleinste Veränderungen, die einer Änderung der Wassersäule über dem Messgerät entsprechen – mögliches Zeichen für einen Tsunami. Derart auffällige Signale werden aus bis zu 5 Kilometern Wassertiefe über das Ultraschallmodem an eine an der Wasseroberfläche befindliche Boje weitergegeben. Diese wiederum übermittelt die Daten per Satellit an die Forschungszentralen beziehungsweise Frühwarnstationen, die nun wenige Minuten Zeit haben, um relevante Küstengebiete in Alarmbereitschaft zu versetzen.

Weder technisches Versagen noch die finanzielle Unumsetzbarkeit des Projekts sind dafür verantwortlich, dass sich GITEWS in seiner ursprünglichen Form als Tsunami-Frühwarnsystem nicht durchgesetzt hat. Eine 2011 durchgeführte Inspektion des 100 Millionen Euro teuren Projekts brachte zutage, dass heute keine der Messstationen mehr genutzt wird: Beschädigungen der Bojen durch Fischerboote und Kollisionen, mangelnde Wartung oder schlichtweg verschollene

Bojen haben einen Teil dazu beigetragen. Hinzu kommt, dass sich für den indonesischen Raum mit seinen extrem kurzen Vorwarnzeiten ein Frühwarnsystem bewährt, bei dem GPS-Messungen von mehr als 300 hochpräzisen Sensoren mit Wasserpegelmessungen gekoppelt und ausgewertet werden. Innerhalb weniger Minuten können auf der Grundlage dieser Daten Erdbebenstärke und -lage bestimmt und damit die Stärke und Ausbreitung eines Tsunamis berechnet werden. Nur rund 5 Minuten vergehen zwischen dem Eintreffen auffälliger seismologischer Daten und der Entscheidung, ob und an welchen Küstenabschnitten Warnmeldungen ausgegeben werden. Diese kurze Zeitspanne kann viele Leben retten.

VOM SEITEN-LINIENORGAN ZUM MIKROTECHNISCHEN STRÖMUNGSSENSOR

Angesichts der Tatsache, dass 40 Prozent des Trinkwassers in urbanen Siedlungen durch Undichtigkeiten im Rohrsystem verloren gehen, Jahr für Jahr Unmengen Rohöl aus brüchigen Pipelines in das Meereswasser entweichen oder Lecks in Gasleitungen ein hohes Sicherheitsrisiko darstellen, ist der Bedarf an technischen Strömungssensoren offensichtlich.

In der Entwicklung dieser präzisen Sensoren können, wie die aktuelle Forschung zeigt, Fische eine große Inspirationsquelle sein. Betrachtet man beispielsweise das Jagdverhalten von Haien, so zeigt sich, dass zum Aufspüren von Beute eine Vielzahl von Sinnen zum Einsatz kommt. Über Poren am Oberkopf, die zum Innenohr führen, nimmt der Hai Schallwellen im niederen Frequenzbereich selbst über mehrere tausend Meter wahr, die ihm Informationen über mögliche Beutetiere liefern. Nähert er sich dem Tier, unter-

▶ *Selbst geringste Druckverände-rungen kann der Hai dank seines Seitenlinienorgans wahrnehmen. Es funktioniert wie ein Ferntastsinn und hilft dem Tier bei der Aufspürung von Beute.*

stützt sein außerordentlich guter Geruchssinn das Aufspüren, bis ihn schließlich weniger als 100 Meter von der Beute trennen. Nun übernimmt das sogenannte Seitenlinienorgan die finale Ortung. Dieses von den Augen bis zur Schwanzflosse verlaufende Sinnesor-gan besteht aus vielen tausend Rezeptoren (Neuromasten), die sich wiederum aus Stütz- und Haarsinneszellen zusammensetzen. Letz-tere ragen in eine gallertige Haube, Cupula genannt, hinein. Diese Cupula ist dem umgebenden Wasser entweder direkt ausgesetzt oder befindet sich im Falle sogenannter Kanalneuromasten in klei-nen flüssigkeitsgefüllten Kanälen, in die über Poren Wasser ein- und ausdringt.

Indem sich Forscher das Seitenlinienorgan der Fische und Meeressäuger
zum Vorbild nahmen, konnten sie
einen mikrobionischen Strömungssensor entwickeln, durch den zum
Beispiel Leckagen in Rohrsystemen
aufgespürt werden können.

Selbst bei den geringsten Druckveränderungen wird die gallertige Cupula verschoben, was wiederum zu einem Auslenken der darin eingebetteten Haarsinneszellen führt. Nervenzellen am anderen Ende des Neuromasten nehmen dieses Signal auf, welches dann zur Auswertung an das Gehirn weitergeleitet wird. Indem kleinste Druckveränderungen wahrgenommen und interpretiert werden, verfügt der Hai über eine erstaunlich präzise Form des Ferntastsinns.

Im Bonner Forschungszentrum caesar ist auf der Grundlage der Kanalneuromasten ein mikrobionischer Strömungssensor entwickelt worden, bei dem die Haarsinneszellen durch transparente Lamellen ersetzt wurden, die sich in einem Strömungskanal befinden und mit einer Membran verbunden sind. Durch die transparenten Lamellen leitet man Licht, das auf Fotodioden trifft, die wiederum das Licht in elektrischen Strom umwandeln und damit eine Messung der Lichtintensität erlauben. Lenken die Lamellen durch Fluktuationen beziehungsweise Wirbel im Strömungskanal aus, verändert sich die Lichtintensität, was als Fluktuationssignal erkannt wird. Um schließlich die Veränderungen in der Strömungsgeschwindigkeit zu ermitteln, muss die zeitliche Differenz der Messsignale in Bezug zu dem Abstand der einzelnen Sensoren gesetzt werden. So können mögliche Unregelmäßigkeiten in der Strömungsgeschwindigkeit festgestellt werden, die ein Hinweis auf Leckagen im Rohrsystem sein können.

2013 wurde der mikrobionische Strömungssensor vom Bundesforschungsministerium mit dem Preis für das beste Projekt im Bereich Sensorbionik ausgezeichnet. Bislang liegt noch keine Produktreife vor, doch das verantwortliche Forschungsteam ist zuversichtlich, dass diese in den nächsten Jahren erreicht sein wird.

SOZIALE UND GESELL-SCHAFTLICHE STRUKTUREN

„DIE NATUR IST ALLER MEISTER MEISTER, SIE ZEIGT UNS ERST DEN GEIST DER GEISTER."

Johann Wolfgang von Goethe

Die Welt der Natur kann mehr als die technische, vom Menschen geschaffene – das beweist die Bionik allenthalben. Sie hat bessere Materialien und weiß sinnvoller mit ihnen umzugehen.

Ihre Sinne sind vielschichtig, ihre Bewegungsformen einzigartig und äußerst effizient und in Sachen Farb- und Formenreichtum ist die Natur unübertroffen. Und auch in Bezug auf Intelligenz ist die natür-

liche (noch?) von keiner künstlichen übertroffen. Zwar tut der Mensch sein Bestes, eine der natürlichen zumindest ebenbürtige technische Welt zu erfinden, doch ist er diesem Ziel bislang noch nicht wirklich nah gekommen. Und nun stellt sich immer mehr heraus, dass der Mensch auch in dem Bereich, in dem er sich eindeutig überlegen wähnt, nämlich im gesellschaftlichen, organisatorischen und sozialen Bereich, von der Tierwelt noch einige Strukturen abschauen kann, die dem Menschen und der Gesellschaft ein besseres Leben und Unternehmen ein verantwortlicheres und effizienteres Management ermöglichen würden.

Es sind häufig die sozialen Insekten, allen voran Honigbienen und Ameisen, die die Forschung mehr und mehr in ihren Bann schlägt und nach deren Vorbild bereits heute mannigfaltige Lebens- und Managementstrategien entwickelt wurden. Warum auch nicht? Sozial lebende Insekten faszinieren durch bestens geführte Gemeinwesen. Im scheinbaren Chaos sind sie tatsächlich ein Muster effektiver Struktur und Organisation. Sie sind fähig, zu lernen, zu kommunizieren und komplexe Entscheidungen zu treffen. Ihr Improvisationsvermögen und ihre Flexibilität sind herausragend. Sie verfügen über alle Tugenden, die in unserer Gesellschaft und in Unternehmen gewünscht sind. Doch auch andere dauerhaft oder nur zeitweise sozial lebende Tiere und selbst winzige Einzeller übernehmen längst Vorbildfunktion und bereichern mit ihren Strategien das menschliche Leben.

KOOPERATION UND KONKURRENZ

Man sagt Insekten, auch den sozialen, nach, sie seien nicht allzu intelligent. In der Tat, ist ihr Gehirn gerade einmal stecknadelkopfgroß, mit dem des Menschen nicht zu vergleichen.

Und doch errichten sie herausragende, bis ins Detail ausgeklügelte Bauwerke, die ein einzelner Mensch und auch nicht unbedingt ein Team von Menschen so zu erschaffen vermag, und haben sich höchst effiziente Strukturen aufgebaut, die der menschlichen Gesellschaft durchaus zum Vorbild gereichen dürften. Das Erfolgsgeheimnis sozialer Insekten: Es ist das Prinzip der Kooperation und Solidarität. Doch was zeichnet diese Kooperation eigentlich aus?

Betrachtet man die Honigbiene, so steht sie für eine ganze Reihe von Tugenden: Fleiß, Ordnung, Disziplin. Und ihr wird ein äußerst kooperatives Verhalten in Verbindung mit einem tief verwurzelten Opferwillen und Altruismus nachgesagt. Ersteres stimmt. Kooperation ist eine der wichtigsten Voraussetzungen dafür, dass ein Bienenvolk bestehen und überleben kann. Letzteres aber ist die typische moralisierende und vermenschlichende Herangehensweise bei der Beurtei-

▲ *Das Management in einem Bienenstaat ist vorbildlich: Jede Arbeiterin übernimmt im Verlauf ihres Lebens jede Aufgabe im Bienenstock – vom Zellenputzen bis zur Pollen- und Nektarsuche (links) – und kann im Notfall auch wieder eine frühere Position einnehmen.*

lung der Insekten, die mit der Realität nichts zu tun hat. Der Mythos vom Altruismus der Biene steht im Zusammenhang mit ihrem Tod, den sie erleidet, wenn eine Biene einen Menschen oder ein anderes Säugetier sticht. Die Haut von großen Säugetieren ist von ledriger Festigkeit, die Widerhaken des Bienenstachels lassen sich daraus nicht mehr lösen. Sticht eine Biene einen Menschen, reißt sie, im Bemühen, den Stachel aus der fremden Haut zu ziehen, den gesamten Stachelapparat aus dem eigenen Körper – und stirbt daran. Doch der Mensch und auch andere Säugetiere zählen evolutionär nicht zu den wesentlichen Feinden der Honigbiene – das sind eher Wespen, fremde Honigbienen oder Hornissen. Von ihnen nämlich geht keine Gefahr für die Biene aus, wenn sie diese sticht. Die Biene opfert sich also nicht, wenn sie – in die Enge getrieben – einen Menschen sticht; sie reagiert ausschließlich auf eine Bedrohung, ohne die Konsequenzen zu kennen. Was die Honigbiene aber kennzeichnet, ist ein ausgeprägter Gemeinsinn, das kooperative Verhalten innerhalb des eigenen Volks: Gemeinsam bauen, heizen, einander füttern, zusammen auf Futtersuche gehen und die anderen Bienen mittels Tänzen sogar über ergiebige Futterquellen informieren, andere Honigbienen an den „persönlichen" Erfolgen partizipieren lassen – das alles gehört mit

zum typischen Verhalten einer Honigbiene. Doch warum ist das so? Warum findet sich hier kein Konkurrenzverhalten wie sonst in der belebten Natur? Weil eine Honigbiene nicht als einzelnes, individuelles Wesen gesehen werden darf, sondern das gesamte Volk als der Organismus betrachtet werden muss. Eine einzelne Biene ist nicht lebensfähig, nur in der Gemeinschaft kann sie leben und dazu beitragen, die eigenen Gene beziehungsweise die der Königin, die entweder ihre Mutter, Voll- oder Halbschwester ist, zu reproduzieren. Gleiches gilt für die andere große Gruppe der sozialen Insekten, Ameisen. Auch sie sind nur als ganzes Volk, als sogenannter Superorganismus zu bewerten, nicht als einzelne Individuen. Und entsprechend ist kooperatives Verhalten das überlebenswichtige Prinzip eines jeden Ameisenvolkes, so wie in einem menschlichen Organismus die einzelnen Funktionseinheiten zusammenarbeiten müssen, damit der Organismus überlebt.

Das alles schließt Konkurrenz und sogar Aggression aber nicht aus: Die gibt es in Maßen sogar innerhalb eines Bienenvolkes, wenn in Einzelfällen beobachtet wird, dass eine Biene ihre Vollschwester lieber füttert als die Halbschwester. Doch eigentliche Konkurrenz besteht gegenüber fremden Honigbienen, gerade in Zeiten der Not, aber auch gegenüber schwachen Völkern, wenn die Abwehr in einem fremden Bienenstock nicht mehr stark genug ist. Dann fallen auch einmal Mengen von Honigbienen über einen fremden Stock her und räubern ihn bis auf den letzten Honigtropfen aus. Artfremden Feinden wie Wespen und Hornissen begegnen die Bienen wiederum mit unnachgiebiger Aggression, sofern irgendeine Gefahr von ihnen ausgeht. Gleichwohl ist es bemerkenswert, dass sich selbst zwischen einander fremden Honigbienen kooperatives Verhalten

Wölfe als sozial lebende Tiere sollen Manager lehren, ihr „Rudel" sinnvoll zu führen.

beobachten lässt – zumindest, wenn es dem eigenen Volk Vorteile bringt. Versucht beispielsweise eine stockfremde Biene in einen Bienenstock zu gelangen, verrät ihr Geruch sie sofort als nicht dem Volk zugehörig. Die Wächterbienen vertreiben sie umgehend – äußerst aggressiv. Es sei denn, die fremde Biene bettelt sich durch Kostproben aus ihrem vollen Honigmagen ein, dann darf sie passieren. Obwohl einer fremden Familie zugehörig, hat sie den Willen zur Mitarbeit und Kooperation gezeigt und wird aufgenommen.

Wie sieht es nun in anderen sozialen Tiergruppen aus? Auch hier ist die Kooperation ein wesentlicher Bestandteil der Gruppe, des Rudels, der Herde, mit jeweils unterschiedlichen Ausprägungen. Ein Rudel Wölfe jagt beispielsweise im Verbund. Wo ein einzelnes Tier keine Chance auf Beute hätte, ist das gemeinsam jagende Rudel erfolgreich. Bei der prägnanten Hierarchie innerhalb des Rudels allerdings wird die Beute nicht unbedingt „gerecht" geteilt. Ist ausreichend Nahrung vorhanden, so frisst das Rudel gemeinsam oder es dürfen teils sogar rangniedrige Tiere zuerst fressen. Ist das Angebot knapp, fressen Alphawolf und Alphawölfin zuerst – im Übrigen absolut gleichrangig –, im Anschluss daran fressen die anderen Rudelmitglieder in der Reihenfolge ihrer Stellung. Doch das hat mit Konkurrenz wenig zu tun, sondern mit der Hierarchie innerhalb der Wolfsgesellschaft. Konkurrenz lässt sich dagegen in Bezug auf gruppenfremde Artgenossen beobachten, etwa bei der Verteidigung eines Reviers, und gegen gruppeneigene Wölfe bei der Verteidigung des Rangs beziehungsweise dem Versuch, innerhalb der Gruppe aufzusteigen. Wie das kooperierende, so ist das konkurrierende Verhalten für das Überleben einer Population, einer bestimmten Gruppe im Tierreich elementar. Beide dienen dem Erhalt der Gruppe und damit der Reproduktion der Gene einerseits und andererseits dazu, den Abstand zum Artgenossen einzuhalten und ihn von der Nutzung knapper Ressourcen auszuschließen. Und die Konkurrenz innerhalb des Wolfsrudels beispielsweise hat einen weiteren Vorteil: Der Wettbewerb innerhalb der Gruppe macht es möglich, dass sich Spezialisten ausbilden, die bestimmte Aufgaben besser als die anderen Gruppenmitglieder erledigen. Das gilt vom Alphatier, das die Führung übernimmt und gerade in gefährlichen Situationen und Zeiten der Not für Ruhe und ein koodiniertes Handeln im Rudel sorgen muss, bis hin zum Omegawolf, der das Schlusslicht in der Rangfolge des Rudels bildet und als solches als eine Art Blitzableiter problematische Situationen deeskaliert.

Vergleicht man diese Fakten mit der menschlichen Gesellschaft, so ist bemerkenswert, dass sich Kooperation und Konkurrenz in ihr scheinbar widersprechen: Es gibt fast immer nur die eine oder die andere Position, den Kooperateur oder den Konkurrenten, und beides lässt sich anscheinend nicht miteinander vereinbaren. Darüber hinaus werden beide Positionen in der Regel mit einem moralischen Attribut belegt: der Kooperateur mit – vielleicht etwas verweichlichtem – Gutmenschentum; der Konkurrent mit Härte, Aggression und möglicherweise sogar Unehrlichkeit. Es ist ein meist positives, nur manchmal ins zu Weiche abdriftene Bild vom Kooperateur, ein

▲ *Ein Wolfsrudel in freier Wildbahn besteht in der Regel aus dem Elternpaar und seinen Nachkommen. Die Rangfolge ist hier unwichtig, doch bedeutet ein niedriger Rang nicht etwa ein schlechtes Leben.*

negatives, manchmal mit Bewunderung gepaartes Bild vom Konkurrenten, das die Gesellschaft in der Regel beherrscht. Beides aber ist aus Sicht der Natur ein völlig falscher Standpunkt: Konkurrenz und Kooperation sind nicht von vornherein moralisch zu bewertende Verhaltensweisen – sie sind für den Menschen, für den Einzelnen wie für die verschiedenen Gruppen und innerhalb der verschiedenen Gruppen eine Lebensnotwendigkeit. Ohne sie wäre Entwicklung schlichtweg nicht möglich, gäbe es keine Spezialisten, keine sinnvoll besetzte Führungsposition. Es kommt nicht auf die Vermeidung von Konkurrenz und die generelle Unterstützung von Kooperation an, sondern auf eine sinnvolle Ausübung – nämlich unter Einhaltung der gesellschaftlichen Normen – und auf ein Gleichgewicht beider Verhaltensweisen.

ORGANISATION

Seit Jahrzehnten wird über die Intelligenz von Schwärmen geforscht und geschrieben. Insekten-, etwa Ameisen- und Honigbienenschwärme, Sardinen- und Heringsschwärme, Zugvögel, Pinguinkolonien: Sie alle sind in der Lage, ohne eine klare Führung komplexe Handlungen auszuführen, etwa kollektiv einer nahenden Gefahr auszuweichen, Flugrouten zu finden, Rotationssysteme zum gleichmäßigen Wärmetausch aufzubauen.

Trotz des vermeintlichen Chaos innerhalb eines Schwarms, einer Gruppe gibt es keine unnötigen Kollisionen, werden alle nötigen Aufgaben auf höchst effiziente Weise gelöst, organisiert sich eine riesige Gruppe von einzelnen Lebewesen – in Ameisenstaaten können es mehrere Millionen sein – vollkommen von selbst. Jahrzehntelang glaubte man daher, Schwarmverhalten und Schwarmintelligenz seien Modelle, mit denen sich Hierarchien – etwa innerhalb eines Unternehmens – abschaffen ließen. Mittlerweile ist man von diesem Glauben wieder abgerückt. Schwärme nämlich basieren auf einfachen Regeln – für unübersichtliche, lebenswichtige Situationen sind sie hervorragend nutzbar; doch Weisheit, konkretes Wissen ist durch einen Schwarm oder eben eine beliebig zusammengesetzte Gruppe von Menschen in der Regel nicht zu gewinnen. Für einen Vogelschwarm, etwa eine Wolke von Staren, ergeben sich einfache Regeln wie: 1. Halte im Durchschnitt eine Körperlänge Abstand zu deinen unmittelbaren Nachbarn!

2. Unterschreite niemals einen absoluten Mindestabstand von einem Drittel deiner Körperlänge! 3. Fliege in der Geschwindigkeit und in dieselbe Richtung wie dein Nachbar. 4. Entdeckst du ein Hindernis, weiche ihm aus.

Schwärme von Staren (Sturnusvulgaris) *bieten in den frühen Abendstunden eine faszinierende Choreografie am Himmel.*

Zur Ordnung, Regelung und Führung eines Unternehmens oder gar eines Staates reichen solche Regeln nicht aus, zumal sie erst einmal festgelegt werden müssen und sie sich in Unternehmen nicht einfach von selbst finden wie im Zuge der Jahrmillionen umfassenden Evolution. Doch wozu diese Schwarmintelligenz durchaus dienlich ist, ist die Optimierung von Organisationsstrukturen, von Arbeitsabläufen, die Verbesserung in Logistik- und Produktionsplänen, denn die Regeln, denen Ameisenvölker und Heringsschwärme folgen, lassen sich in Computeralgorithmen übersetzen, die Unternehmensprozesse oft effizienter und sinnvoller gestalten helfen, selbst wenn sie auf den ersten Blick unlogisch erscheinen.

Es war Dr. Stuart Alan Kauffman, Biologe, der das vermeintlich chaotische Verhalten von Ameisen zu untersuchen begann und nach den Regeln suchte, die dem Verhalten der Insekten zugrunde liegen, damit ein wirkungsvolles Handeln möglich wird. Zu seinen Erkenntnissen gehörte unter anderem, dass Ameisen ihre Wege mittels allmählich verdunstender Pheromone markieren. Stoßen die Ameisen bei der Suche nach einer Nahrungsquelle auf zwei Futterquellen, transportieren sie entweder von der nächstgelegenen oder von der ergiebigeren Quelle Nahrung zum Nest und hinterlassen dabei eine Duftspur. Andere Ameisen folgen dieser Spur und verstärken auf Hin- und Rückweg den Duft, solange die Futterquelle ausreichend Nahrung bietet. Ist sie erschöpft, gehen die Ameisen nicht mehr auf demselben Weg zurück, sondern suchen eine neue Nahrungsquelle. Die alte Duftspur verblasst nach und nach und wird durch eine neue, frische ersetzt. Gleiche Mechanismen funktionieren bei der Beseitigung toter Artgenossen oder beim Transport einer größeren Beute, der viele Ameisen benötigt. In Zusammenarbeit mit Wissenschaftlern anderer Disziplinen und insbesondere Computern entwickelte Kauffman daraus

Ameisen markieren ihre Wege zu Nahrungsquellen mit einer Duftspur aus Pheromonen. Andere Ameisen folgen dieser Spur und verstärken sie dadurch, solange die Futterquelle ausreichend Nahrung bietet.

ein Simulationsprogramm, das sogenannte Agentenmodell, das die Schwarmintelligenz der Ameisen auf konkrete Probleme anwendet. Auf die Logistik eines Unternehmens übertragen findet das Agentenmodell beispielsweise die effektivsten Wege; auf den Sinn von Arbeitsabläufen hin programmiert, optimiert es diese beispielsweise.

Doch es lassen sich nicht nur Abläufe durch die Simulation optimieren, sondern auch das Verhalten von Gruppen: Mithilfe der Ameisenalgorithmen lassen sich Räume beispielsweise im Hinblick auf Fluchtwege besser gestalten. Eine Simulation verdeutlichte, dass ein Hindernis – etwa eine Säule vor einem Notausgang – nicht etwa zu Chaos und Panik bei der Flucht aus einem brennenden Raum führte, sondern im Gegenteil Struktur in die Flucht brachte. Es konnten mehr Menschen fliehen, wenn ein Hindernis den Menschenstrom lenkte, als wenn der Fluchtweg völlig offen war und dadurch alle gleichzeitig durch die Tür strömen wollten.

Sobald es also um die Anwendung klar formulierter Regeln geht, bietet die Intelligenz des Schwarms eine Fülle neuer Ansätze zur Strukturierung von Gruppen oder Unternehmen. Dagegen hat sich gezeigt, dass eine Menschenmenge ohne Regeln auf die Führung durch eine Gruppe von anderen angewiesen ist, um sinnvoll zu agieren.

▶ *Sardinenschwarm (Sardina pilchardus) vor der Halbinsel Yucatán.*

KOMMUNIKATION

Wenn eine große Gruppe miteinander über ein Problem diskutiert und es zu lösen versucht, ist sie fast immer zum Scheitern verurteilt.

Bei 30 Personen – beispielsweise Mitarbeiter eines Unternehmens – treffen nicht nur 30 verschiedene Meinungen, sondern auch 30 unterschiedliche Interessen aufeinander (der Finanzchef eines Unternehmens hat andere Interessen als der Marketingchef), jeder verfügt über einen jeweils anders gearteten Sachverstand beziehungsweise ein anders geartetes Fachgebiet, und nicht alle stehen auf derselben Stufe in der Unternehmenshierarchie. In einer solchen Diskussion treffen die Erfahrungen, das Wissen und die Meinungen von 30 Personen aufeinander – nur ist man nicht in der Lage, dieses Wissen und diese Erfahrungen auf einen Nenner hinunterzubrechen, auf die Lösung eines Problems. Vielmehr läuft die Diskussion beinahe immer aus dem Ruder, demonstriert der eine seinen Machtanspruch, wird Spezialistenwissen nicht gehört und letztendlich bleibt die Meinung derjenigen übrig, die am wortgewandtesten sind.

Dieses Problem beschäftigte den britischen Betriebswirt und Begründer der Managementkybernetik, Anthony Stafford Beer, bereits jahrzehntelang, bevor er auf die Studien des US-amerikanischen Architekten und Konstrukteurs Richard Buckminster Fuller stieß. Der befasste sich unter anderem mit der Frage, wie man größere Kuppeln bauen könnte, ohne dass diese unter dem Gewicht des Gewölbes zusammenbrechen würden. Er untersuchte die Skelettstruktur von Radiolarien, einzelligen Meeresbewohnern, die zum Plankton zählen und mit ihrem Skelett aus Siliziumdioxid (siehe S. 193) einen außergewöhnlichen Formenreichtum aufweisen. Die Untersuchung der Radiolarien ergab Skelettstrukturen von aneinandergrenzenden, nahezu gleichseitigen Dreiecken, die für eine enorme Stabilität sorgen.

Doch was hat das mit Gruppenkommunikation zu tun? Beer übertrug die aneinander angrenzenden gleichseitigen Dreiecke, die Fuller zu riesigen, stabilen, materialsparenden Kuppelbauten verhalfen, in ein Kommunikationsmodell, mit dessen Hilfe das Wissen einer großen Gruppe qualifizierter Personen gesammelt, vernetzt und sortiert werden kann, Lösungen und neue Denkansätze abgeleitet werden können – und zwar, indem gleichzeitig die Strukturen des

Unternehmens, quasi die Kuppel, der Überbau, stabilisiert und effizient genutzt werden können. Symbol dieses Modells, das Beer „Team Syntegration®" nannte und das von Dr. Fredmund Malik, Begründer der Systemorientierten Management-Lehre, verbessert und erweitert wurde, ist der Ikosaeder, ein gleichmäßiger Polyeder, bestehend aus 20 gleichseitigen Dreiecken mit 12 Eckpunkten. Diese Eckpunkte stehen für die Themen, die diskutiert werden sollen, während die Seiten der Dreiecke für die Diskussionsteilnehmer stehen.

Wie läuft nun eine Syntegration ab? Generell sollte die Syntegration idealerweise dreieinhalb Tage umfassen, es können 10 bis 42 Personen teilnehmen, ideal sind 30, dann kann der Ikosaeder als Modell dienen, sonst funktionieren aber auch Tetraeder, Oktaeder etc. Jede Syntegration besteht aus zwei Phasen: Zu einem übergeordneten Thema tragen die Teilnehmer Unterthemen zusammen, die sie für diskussionswürdig halten. Eine 30-köpfige Gruppe benötigt 12 Themen, den Eckpunkten des Ikosaeders entsprechend. Jedes Thema benötigt mindestens 5 Interessenten, damit es tatsächlich ausgewählt werden kann. Gibt es zu viele Themen, versucht die Gruppe zunächst, sinnverwandte Themen zusammenzuschließen, andernfalls wird über die Themen abgestimmt. Anschließend ge-

wichtet jeder Teilnehmer die 12 Themen entsprechend seiner Interessen, dann teilt ein Computeralgorithmus jeden Teilnehmer jeweils 4 der 12 Diskussionsgruppen zu. An zwei Gruppen ist der Teilnehmer dabei aktiv beteiligt, an zwei Gruppen beteiligt er sich nur als Kritiker der Gespräche. Eine Gruppe enthält bei 30 Teilnehmern 5 aktive Mitglieder. Die erste Phase umfasst den halben ersten Tag, Phase 2 die darauffolgenden 3 Tage.

In der zweiten Phase, den sogenannten Iterationsrunden, wird nun diskutiert: Jedes Thema wird nach einem genauen Schema und nach besonderen Spielregeln von den Gruppen ein Mal pro Tag erörtert, die Ergebnisse dieser Diskussionen werden am Ende des Tages von jeder Gruppe vor dem Plenum vorgetragen. Die Endergebnisse dieser Syntegration können sich sehen lassen: Das Ausgangsthema wurde unter Berücksichtigung aller Bereiche und Interessen und auf der Grundlage des Wissens aller diskutiert; eine detaillierte Dokumentation mit den entsprechenden Lösungen liegt am Ende der Syntegration vor. Darüber hinaus sehen sich alle Mitarbeiter in den gefundenen Lösungen vertreten, verstehen nun aber auch besser die Position ihrer Kollegen, sodass die Umsetzung der gewonnenen Maßnahmenpläne großen Zuspruch findet.

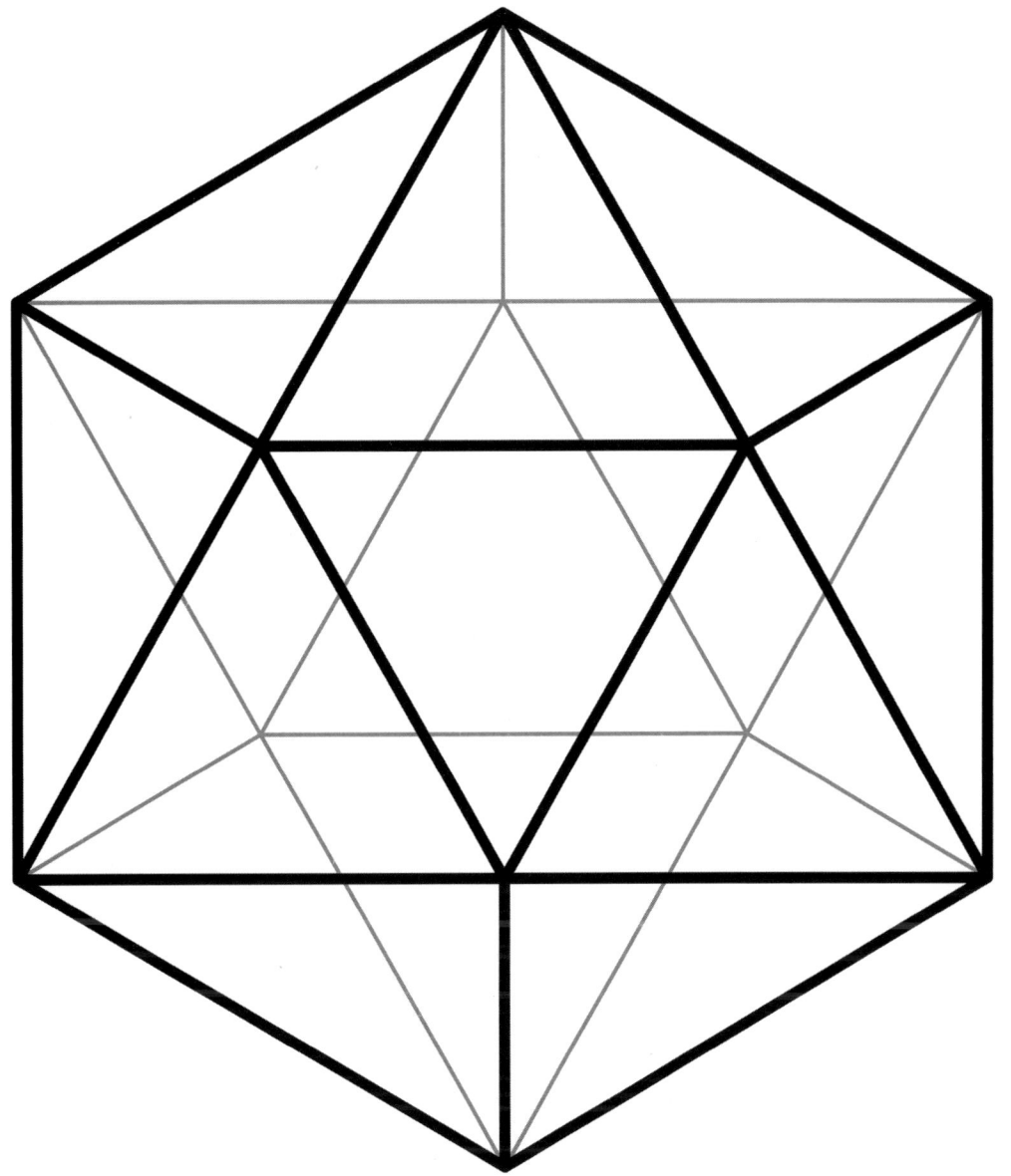

Die Syntegration ist damit ein Beispiel, wie die Strukturen der Natur, in diesem Fall die Skelettbauweise der Radiolarien, Anregungen auch für die Optimierung und Veränderung der gesellschaftlichen Strukturen des Menschen bieten können. Denn letztendlich verfügt die belebte Natur über eine solche Fülle an Wirkprinzipien und Lösungen, dass sie nahezu allen Bereichen des menschlichen Lebens zum Vorbild gereichen kann. Der Mensch muss sie lediglich erkennen und beherzigen.

ANHANG

LITERATURAUSWAHL

INTERNETQUELLEN

www.bfi.org (Buckminster Fuller Institute)

www.biokon.de

www.caesar.de (center of advanced european studies and research, Bonn)

www.gitews.de (über das Frühwarnsystem German Indonesian Tsunami Early Warning System)

www.innovations-report.de

www.lilienthal-museum.de

www.pro-physik.de

AUSGEWÄHLTE LITERATUR

Ackroyd, J.A.D.: Sir George Cayley. The Invention of the Aeroplane near Scarborough at the Time of Trafalgar, in: Journal of Aeronautical History, Paper No. 2011/6.

Allen, Robert (Hg.): Das kugelsichere Federkleid. Wie die Natur uns Technologie lehrt. 2011.

Anthes, Emily: Frankensteins Katze. Wie Biotechnologen die Tiere der Zukunft schaffen. 2014.

Bahadori, Mehdi N./Alireza Dehghani-sanij: Wind Towers. Architecture, Climate and Sustainability. 2014.

Baumeister, Dayna u.a.: Biomimicry Resource Handbook. A Seed Bank of Best Practices. 2014.

Benyus, Janine M.: Biomimicry. Innovation Inspired by Nature. 2002.

Blüchel, Kurt G.: Bionik. Wie wir die geheimen Baupläne der Natur nutzen können. 2005.

Blüchel, Kurt G./Fredmund Malik: Faszination Bionik. Die Intelligenz der Schöpfung. 2006.

Braun, Dirk Henning: Bionisch inspirierte Gebäudehüllen. Konzeption einer bionisch inspirierten Gebäudehülle nach dem Vorbild natürlicher Hüllen und Häute. 2008.

Bundesforschungsanstalt für Forst- und Holzwirtschaft: Wabenplatten für den Möbelbau. 2005.

Bundesministerium für Umwelt, Naturschutz, Bau und Reaktorsicherheit: Deutsches Ressourceneffizienzprogramm (ProgREss). 2. Auflage, 2015.

Cerman, Zdenek, Boris F. Striffler, Wilhelm Barthlott: Dry in the Water: The Superhydrophobic Water Fern Salvinia – a Model for Biomimetic Surfaces.

In: Gorb, Stanislav (Hg.): Functional Surfaces in Biology. 2009.

De Bruyn, Gerd/Ferdinand Ludwig/Hannes Schwertfeger (Hg.): Lebende Bauten – Trainierbare Tragwerke. In: Kultur und Technik, Bd. 16, 2009.

Epple, Matthias: Biomaterialien und Biomineralisation. Eine Einführung für Naturwissenschaftler, Mediziner und Ingenieure. 2003.

Friedrich, Bretislav u.a.: Hundert Jahre an der Schnittstelle von Chemie und Physik. Das Fritz-Haber-Institut der Max-Planck-Gesellschaft zwischen 1911 und 2011. 2011.

George G. Szpiro: Die Keplersche Vermutung: Wie Mathematiker ein 400 Jahre altes Rätsel lösten. 2011.

Gesellschaft für Luftverkehrsforschung: Bewertung der Gefahren durch Wirbelschleppen am Flughafen Friedrichshafen. 2015.

Gleich, Arnim von (et al.): Bionik. Aktuelle Trends und zukünftige Potenziale. 2007.

Gleich, Arnim von (Hg.): Bionik: Ökologische Technik nach dem Vorbild der Natur? 1998.

Haken, Karl-Ludwig: Grundlagen der Kraftfahrzeugtechnik. 2015.

Hales, Thomas C.: The Honeycomb Conjecture. 1999.

Haun, Matthias: Handbuch Robotik: Programmieren und Einsatz intelligenter Roboter. 2007.

Heidebrecht, Aniela, Lukas Eisoldt, Johannes Diehl, Andreas Schmidt, Martha Geffers, Gregor Lang and Thomas Scheibel: Biomimetic Fibers Made of Recombinant Spidroins with the Same Toughness as Natural Spider Silk. In: Advanced Materials, Volume 27, Issue 13, April 2015.

Herzfeld, Marie: Leonardo da Vinci. Denker, Forscher und Poet. 2014.

Kesel, Antonia B.: Bionik. 2005.

Kesel, Antonia B./Doris Zehren (Hg.): Bionik: Patente aus der Natur. Innovations- und Nachhaltigkeitspotenziale für Technologieanwendungen. Tagungsbeiträge zum 7. Bionik-Kongress. 2014.

Klotz, Heinrich (Hg.): Frei Otto. Schriften und Reden 1951–1983, 1984.

Krabel, Dominique u.a.: Simulation der auf eine Bienenwabe durch das Eigengewicht des Honigs ausgeübten Spannungen, 2014.

Krausse, Joachim/Claude Lichtenstein (Hg.): Your Private Sky: Discourse. R. Buckminster Fuller. The Art of Design Science, 2001.

Kropp, Ruthild: Genial geschützt! Raffinierte Verpackungen aus der Natur. 2015.

Küppers, Udo: Systemische Bionik. Impulse für eine nachhaltige gesellschaftliche Weiterentwicklung. 2015.

Küppers, Udo/Helmut Tributsch: Verpacktes Leben – Verpackte Technik: Bionik der Verpackung. 2001.

Mattheck, Claus: Design in der Natur. Der Baum als Lehrmeister. 2006.

Meyer, Robert K. J.: Experimentelle Untersuchungen von Rückstromklappen auf Tragflügeln zur Beeinflussung von Strömungsablösungen. Dissertation, 2000.

Möller, Ralf: Das Ameisenpatent. Bioroboter und ihre tierischen Vorbilder. 2006.

Nachtigall, Werner: Bionik als Wissenschaft. Erkennen, Abstrahieren, Umsetzen. 2010.

Nachtigall, Werner: Bionik. Grundlagen und Beispiele für Ingenieure und Naturwissenschaftler. 1998.

Nachtigall, Werner/Alfred Wisser: Bionik in Beispielen. 250 illustrierte Ansätze. 2013.

Nachtigall, Werner/Göran Pohl: Bau-Bionik. Natur, Analogien, Technik. 2013.

Nanotechnologie in der Natur – Bionik im Betrieb. Hrsg.: Hessisches Ministerium für Wirtschaft, Verkehr und Landesentwicklung. 2011.

Otto, Klaus-Stephan/Thomas Speck (Hg.): Darwin meets Business. Evolutionäre und bionische Lösungen für die Wirtschaft. 2011.

Pawlyn, Michael: Biomimicry in Architecture. 2011.

Pfeiffer, F./J. Steuer: Regelstruktur einer Laufmaschine für autonomes Laufen in unebenem Gelände. In: Levi, Paul/ Thomas Bräunl, Norbert Oswald (Hg.): Autonome Mobile Systeme 1997: 13. Fachgespräch, Stuttgart, 6.–7. Oktober 1997.

Raven, Peter H. u.a.: Biologie der Pflanzen. 2005.

Rossmann, Torsten/Cameron Tropea (Hg.): Bionik. Aktuelle Forschungsergebnisse in Natur-, Ingenieur- und Geisteswissenschaft. 2005.

Schatz, Markus: Numerische Simulation der Beein-flussung instationärer Strömungsablösung durch frei bewegliche Rückstromklappen auf Tragflügeln, Dissertation. 2003.

Schmid, Thomas: Der Vogelflug in Bezug zur Technik. 2003.

Spitzer, Denis et al. Ein bioinspirierter nanostruk-turierter Sensor für die Detektion von sehr niedri-gen Sprengstoffkonzentrationen. In: Angewandte Chemie, Vol. 124 (2012), S. 5428–5432.

Vogel, Steven: Von Grashalmen und Häusern. Mechanische Schöpfungen in Natur und Technik. 1998.

Wagner, Cosima: Robotopia Nipponica - Recher-chen zur Akzeptanz von Robotern in Japan. 2013.

REGISTER

Die *kursiven* Seitenzahlen verweisen auf die Abbildungen.

BILDNACHWEIS

Michael Büsgen, Köln
Seite 27

© Daimler AG
Seite 139

© EDAG Engineering GmbH, Wiesbaden
Seite 129, 131–132,134

© Festo AG & Co. KG
U2/Vorsatz 1, Seite 216–217, 235, 241 fr., 243, 252

Fotolia.com
Seite 76 (© lekcej), 261 (©MIMOHE), 262 (© Eric Isselée), 284 (© kesipun), 285 (© Irochka), 287 (© Viesinsh)

© Fraunhofer IPA
S. 214

Interfoto, München
Seite 50–51 (KAGE Mikrofotografie), 225 (Sammlung Dieter Meinhardt)

iStock.com
Seite 245 (© Issam Khriji)

mauritius images, Mittenwald
Vorsatz 2/Seite 1 (imageBROKER/Manfred Valentin Ramminger), Seite 9 (imageBROKER/Paul Williams – Funkystock), 10–11 (imageBROKER/Hans Blossey), 12 o.l. (Phototake), 13 o. (Wolfgang Weinhäupl), 13 Mitte (alamy), 14 (alamy), 16 (Minden Pictures), 17 (Science Source), 18 (Minden Pictures), 21–21 (Wolfgang Weinhäupl), 25 (imageBROKER/Jochen Tack), 28 (alamy), 30 (Science Faction), 23–33 (Nature Picture Library), 34 (imageBROKER/J.W.Alker), 37 (age), 38–39 (alamy), 40 u. (Phototake), 42 (Nature Picture Library), 44–45 (Minden Pictures), 49 (Phototake), 53 (alamy), 56 (alamy), 62 (artpartner), 64–65 (alamy), 67 o. (alamy), 67 u. (imageBROKER/Norbert Probst), 68–69 (Minden Pictures), 71 (image-BROKER/Michael Weberberger), 75 (Shestock), 77 (alamy), 80 (alamy), 82–83 (age), 85 (alamy), 86 (Science Faction), 87 (Science Faction), 90–91 (alamy), 92 (imageBROKER/Jason Langley), 94–95 (imageBROKER/Horst Sollinger), 97 (alamy), 102–103 (alamy), 104 (United Archives), 105 (alamy), 106–107 (Gerard Lacz), 109 o.l. (Science Source), 116–117 (alamy), 118–119 (United Archives), 121 (imageBROKER/Michael Weber), 126 (Nature Picture Library), 127 (alamy), 130 o. (Science Photos Library), 130 u. (alamy), 137 (Minden Pictures), 142–143 (Matthias Lenke), 147 (alamy), 150-151 (imageBROKER/ Günther Schwermer), 153 o. (age), 153 u. (age), 156 (imageBROKER/Martin Jung), 157 o. (imageBROKER/Martin Jung), 158 (alamy), 162–163 (Jose Fuste Raga), 165 (alamy), 166 (alamy), 167 o.r. (alamy), 170 (Jeff O'Brien), 172 (alamy), 173 (alamy), 174 (alamy), 175 (alamy), 176 (Phototake), 178 (imageBROKER/Ralf Poller), 179 (Science Picture Co.), 181 (Photo-nonstop), 183 (alamy), 184 (alamy), 185 (alamy), 187 (imageBROKER/Egmont Strigl), 189 (Robert Harding), 191 (alamy), 193 o. (Rene Mattes), 193 u. (Loop images), 194 (alamy), 196 (Garden World Images), 199 (Visions Pictures), 201 l. (ala-my), 201 r. (Klaus Scholz), 203 (imageBROKER/Walter G. Allgöwer), 206–207 (alamy), 213 (imageBROKER/Florian Kopp),

214 (Science Faction), 226 (United Archives), 228 l. (alamy), 228 r. (United Archives), 232 (imageBROKER/Karl F. Schöfmann), 233 (Ikon Images), 240 (imageBROKER/Paul Whippey), 258–259 (imageBROKER/Franz Christoph Robiller), 265 (imageBROKER/Michaela Walch), 270 (Nature Picture Library), 271 (imageBROKER/Franz Christoph Robiller), 275 (Sience Source), 277 (alamy), 278–279 (imageBROKER/Rosseforp), 280–281 (imageBROKER/Nobert Probst), 282–283 (Nature Picture Library), 288 (alamy), 291 (imageBROKER/Michael Weber), 294 (Nature Picture Library), 298 (imageBROKER/Stefan Kiefer), 307 (alamy), 316–317 (Minden Pictures), 318–319 (alamy), Nachsatz2/U3 (alamy)

obs/Landesmarketing Sachsen-Anhalt GmbH
S. 266–267

picture-alliance, Frankfurt am Main
Seite 2–3 (blickwinkel/M. Ritter), 4–5 (blickwinkel/F. Hecker), 12 o.r. (Reinhard Dirscherl), 12 u. (blickwinkel/R. Koenig), 13 u. (blickwinkel/R. Koenig), 23 (blickwinkel/F. Fox), 40 o. (© dpa-Report), 57 (akg-images/Jan Meyer), 61 (Photoshot), 72–73 (blickwinkel/Hecker/Sauer), 89 (Foodcollection), 98 (© dpa), 101 (Arcaid), 109 o. Mitte (© dpa), 109 o.r. (© dpa), 109 u. (© dpa), 111 o. (empics), 112 l. (akg-images), 112 r. (Heritage Images), 114 (© Willi Rolfes/OKAPIA); 115 (Wolfgang Mendorf), 123 (blickwinkel/H. Schmidbauer), 124–125 (blickwinkel/J. Peltomaeki), 141 (blickwinkel/P. Schuetz), 144–145 (© dpa), 154 (Westend61), 157 u. (blickwinkel/R. Koenig), 159 (© Weiss/Helga Lade), 168 (KEXSTONE), 169 (HIP), 197 (Quagga Illustrations), 198 (blickwinkel/pinkannjoh), 212 (blickwinkel), 215 (Water Frame), 218 (AP Photo), 219 (AP Photo), 221 (© dpa), 223 (© dpa), 224 (Leemage), 231 (© dpa), 239 (© dpa), 246 (© dpa), 248 l. (© dpa), 248 r. (© dpa), 251 o. (Eventpress Hoensch), 251 u. (Eventpress Hoensch), 254 (© dpa/Foto: DLR), 257 (John Greve), 268 (© dpa Bilderdienste), 293 (empics), 297 (Reinhard Dirscherl), 302–303 (blickwinkel/A. Held), 316–317 (blickwinkel/A. Laule)

shutterstock.com
Seite 46 (© Gregory Johnston), 55 (© ChristianChan), 59 (© supot phanna), 74 (© exopixel), 79 (© Kriang kan), 161 (© Juriaan Wossink), 301 (© elfinadesign)

© soma architecture
Seite 205, 208, 209, 210–211

Wikipedia
Seite 111 u., S. 149: Matthias Kabel, Wikimedia Commons, lizenziert unter CreativeCommons-Lizenz by-sa-3.0-deed.en, URL: https://creativecommons.org/licenses/by-sa/3.0/deed.en, 236–237: FZI Forschungszentrum Informatik Karlsruhe – Abteilung IDS, Wikimedia Commons, lizenziert unter CreativeCommons-Lizenz by-sa-3.0-deed.en, URL: https://creativecommons.org/licenses/by-sa/3.0/dood.cn

Bildstrecke zu Beginn des Buches: Der einem Elefantenrüssel nachempfundene HandlingAssistent der Esslinger Festo AG (U2/Vorsatz1); Wassertropfen auf einem wasserundurchlässigem Vogelgefieder (Vorsatz 2/Seite 1); Spinnenseide (Seite 2–3); Bauchansicht eines Geckos (Seite 4–5); Fruchtstand eines Wiesenbocksbarts (Seite 9); Flamingoschwarm über Niedrigwasser (Seite 10–11)

Bildstrecke am Ende des Buches: Drei Ameisen trinken von einem Wassertropfen (Seite 312–313); Wassertropfen auf Blatt (Seite 316–317); Kopf einer Fliege (Seite 318–319); Bionischer Arm (Nachsatz2/U3), Unterseite der Amazonas-Riesenseerose (Seite 320/Nachsatz 1);